漫畫圖解一看就懂！

第一次喝日本酒就上手

著◎葉石香織
繪圖◎Megumi Ohsaki

噗通噗通
今天是要跟心儀的同事優衣，第一次約會的日子
弘樹（26歲）
最受女性歡迎的肯定是義大利餐廳（←深信不疑），所以昨天已經熬夜將紅酒的基礎知識都背下來了
先在腦中預習一下……
ワイン
喂～弘樹～這份資料……
閃亮亮
閃亮亮
佈滿血絲
熊貓眼
太棒了！超完美的！
弘樹～你睡著了嗎？

哇！好多時髦的餐廳啊……
對呀！這邊似乎有很多好吃又時髦的餐廳。
優衣好可愛喔
如果有想去的店再跟我說喔！
那……我想去那間店看看♡
哪間哪間？

酒縁亭
……什麼！不是義大利餐廳啊……
最近日本酒很流行呢～
我最近開始有點喜歡日本酒！
那……那，我們就進去吧！
咔啦
!?

肉豆腐
炸竹筴魚
涼拌番茄
毛豆
飄～浮～
飄～浮～
喀嚓！
飄～浮～
飄～浮～
啊嗯
啊嗯
啊～～～
那…
那——個？？

你好啊
酒緣亭
葉石香織
今天剛好在釀日本酒
請坐
謝謝
澱粉呈現連在一起的狀態
我們是感情超好的兄弟們
哈哈哈哈哈哈一
澱粉兄弟

麴將澱粉兄弟剪開成小塊
阿—呀—
啪嘰
澱粉被剪成小塊後就變成糖了
喀嚓！
麴君
澱粉變成一口大小的糖
啊嗯
酵母一口吞掉
櫻桃小口
酵母小姐
…
噗～
怎麼放出來了——！！

完成了……
請享用
登愣～
這不容易入口吧!!
噗ー
真舒服……
那我
就不客氣囉
欸…？
那我
也……

咦…怎麼…和印象中的不太一樣！
竟然有這麼清爽的日本酒!?
香檳？？
這是……
這就是所謂的「氣泡清酒」
是含有二氧化碳的日本酒。
在瓶内經過二次發酵
哪位!?
酒精含量低且口感較甜，現在很受女性歡迎喔。
抱歉抱歉，忘了自我介紹……在下正是，口感清爽、擁有迷人魅力的「氣泡清酒君」……
（慢慢靠近）
當第1杯酒最適合了，是不是想再來1杯啊？
那……個……
最受女性歡迎！
氣泡清酒君

你在胡說什麼呀！
真受不了！
喂
碰
啊！抱歉抱歉，突然出現……
初次見面
鞠躬
我是純米吟釀酒
你……你好……
華麗香氣
純米吟釀酒小姐
喝完一杯日本酒之後，請記得喝同樣分量的水喔！
因為酒精很容易引起利尿脫水的症狀
原本以為酒裡面就含有水分了呢……
完……完全不知道
咕嚕
咕嚕

……奇怪
怎麼覺得……連水……都好好喝！
你發現了呀？
這水被稱為「釀酒用水」，是專門為了釀造酒所使用的水喔。
有名水的地方就會有名酒！
依據地區的不同，各地所使用的釀酒用水也不一樣，因此這些日本酒才能展現當地的個性！

用釀酒用水潤潤喉之後
第2杯就請喝我吧！
那⋯好⋯給我純米吟釀酒⋯⋯
怒
噗通 噗通
呦～

我才是更加華麗的
如果沒有米的話，酒就不好喝了
鏘
鏘
更加華麗！
純米大吟釀酒公主
來杯風味強烈的我怎麼樣啊！？
啊
咚
咚咔
香濃的純米滋味
純米酒妹

男生就應該選擇本釀造酒才對
噹啦！
超級清爽！
本釀造酒君
你不覺得女生最適合溫和順口♡的濁酒嗎!?
哇
(how!)
香甜濃厚
濁酒妹子
要不要嘗試一下……從未體驗過的創新日本酒呢
閃亮閃亮閃亮
閃亮
創新的口感！？
創意日本酒小姐
驚呆～

選我 選我 選我
……你不一起去自我推薦一下嗎？
……我其實不太擅長這樣……
……是這樣啊
冷豆腐
玉子燒
馬鈴薯沙拉
真是成熟穩重啊～
超老成……♡
其實性格超強烈
長期熟成酒先生
往後接 P.78 ！

——介紹日本酒的角色性格

日本酒登場角色基本圖鑑

只要摸透每一款日本酒的性格，
就能與他們相處得更好。
此外，也能掌握到讓日本酒變更好喝的方法！

純米大吟釀酒（大吟釀酒）

只要喝過一次就能擄獲你的心

沒有比我更貴氣的日本酒了♥

類型
果香系
適飲溫度
5~25℃
口感
輕柔

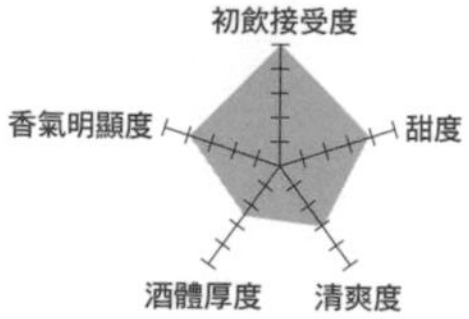

初飲接受度
甜度
清爽度
酒體厚度
香氣明顯度

頂級華麗的美酒

細緻地研磨米粒，在低溫中緩慢醞釀而成的「純米大吟釀酒（大吟釀酒）」是最豪華優雅的酒款。同時具備熟成水果的馥郁芳香及新鮮水果的甘甜口感，因此深受許多人的喜愛。彷彿是兼具華麗與氣質，受到萬眾矚目的絕世美女。不斷地自我提昇，一心追求「極致的透明感」。

適合的料理

蜜桃卡布里沙拉、法式醃漬葡萄（marinade）等使用水果入菜的料理。

適合的酒器

Riesling 白葡萄酒杯、大吟釀酒杯（Riedel）等。

＊大吟釀酒比純米大吟釀酒的味道更輕快。香味的濃淡會依所使用的酵母而有所不同。

純米吟釀酒（吟釀酒）

溫柔襯托食材味道的大和女子

溫柔低調，最適合陪襯精緻的上等料理。

類型

果香系或輕快系

適飲溫度

5~25℃

口感

輕柔

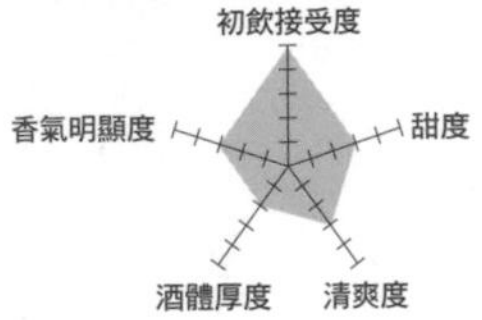

清新動人的上等甘甜味

雖然沒有純米大吟釀酒（大吟釀酒）般的華麗貴氣，但卻散發出經細心照料的溫柔典雅，是位氣質清新的大和女子。由於不過分強調華麗感，所以比起純米大吟釀酒（大吟釀酒）更容易襯托出料理的滋味。看似高不可攀，卻意外的平易近人好相處。

適合的料理

烏賊生魚片、甜蝦雞尾酒沙拉（Prawn Cocktail）等。

適合的酒器

Riesling 白葡萄酒杯、大吟釀酒杯（Riedel）等。

＊吟釀酒比純米吟釀酒的味道更輕快。香味的濃淡會依所使用的酵母而有所不同。

純米酒

獨特的濃醇口感讓人無法忘懷

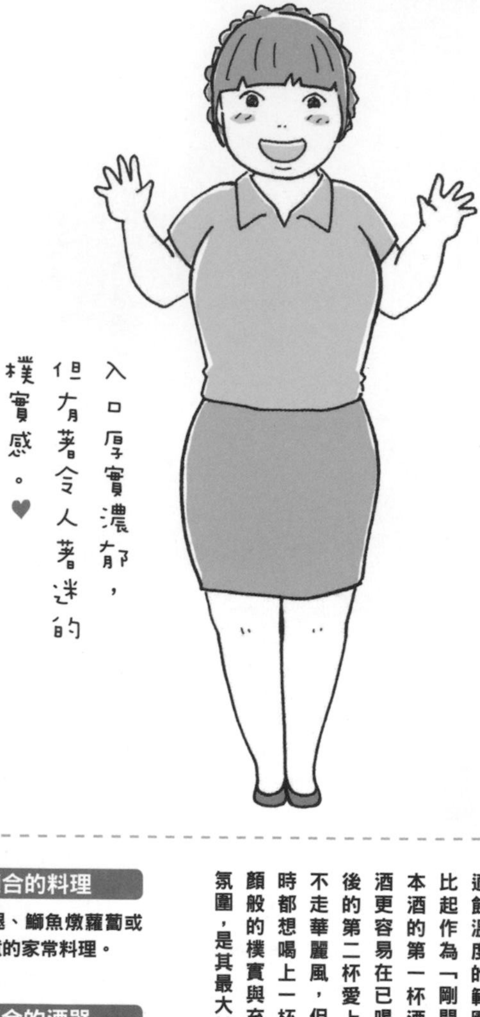

類型
旨口系
適飲溫度
*常溫至55℃以上
口感
濃醇

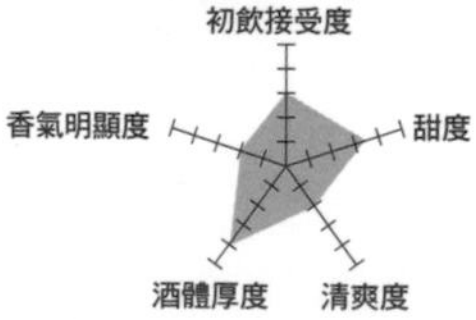

充滿魅力的滋味，將米粒的美味濃縮起來！

「溫和、柔和」等形容詞，最適合用來描述富含旨味與甘甜味的純米酒。由於純米酒有著比較厚重的酒體口感，所以搭配料理與適飲溫度的範圍相當廣，比起作為「剛開始嘗試日本酒的第一杯酒」，純米酒更容易在已喝慣日本酒後的第二杯愛上她。雖然不走華麗風，但卻讓人隨時都想喝上一杯，宛如素顏般的樸實與充滿平靜的氛圍，是其最大魅力所在。

適合的料理

照燒雞腿、鰤魚燉蘿蔔或樸素燉煮的家常料理。

適合的酒器

碗型的豬口杯、CABERNET SAUVIGNON MERLOT 紅酒杯等。

*常溫 =20℃（P.107）
*依「夏純米」等原料與製作法的不同，也有口感清爽的款式。

本釀造酒

看起來像是草食男，卻有可讓人依靠的安心感

類型
輕快系

適飲溫度
常溫 ~40℃

口感
輕柔

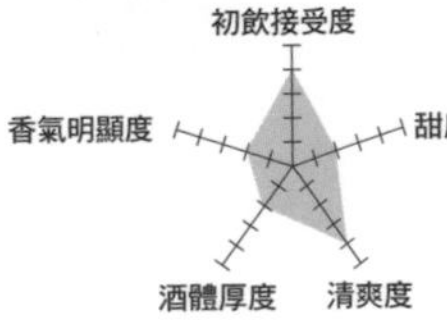

清爽無負擔的滋味，不論在男性或女性間都很受歡迎

一口接著一口，滑順又好入口

滋味清爽、容易入口、尾韻短、香氣清淡，宛如溫柔爽朗的日系和風男是主要特徵。由於不過份突顯自身的味道與香氣，所以很容易與任何料理搭配，且適飲溫度很廣，讓人期待各種可能。這類型的日本酒，大多有「淡麗辛口」的特徵，且因風味較不強勢，就算是在促膝長談中飲用也不容易喝膩。

適合的料理

涮鱧（鱧魚火鍋）、炒銀杏等簡單的料理。

適合的酒器

長圓柱型的酒器、Riesling 白葡萄酒杯等。

＊依原酒的製作法，也有口感較強烈的種類。

長期熟成酒

只有巷內老酒客才懂品嚐的純熟滋味

無法詳細的介紹說明自己，
……因為我不太擅長這樣。

類型

熟成系

適飲溫度

常溫 ~55℃以上

口感

濃醇

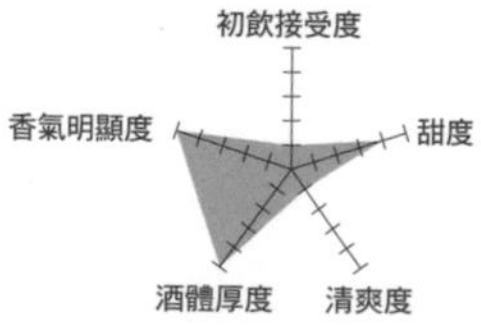

經過時間慢慢醞釀，具有深度又複雜的大人味

經過3年以上熟成期的「長期熟成酒」，有著「深藏不露」的獨特魅力。不迎合他人，展現我行我素的強烈自我風格，如果懂得欣賞，會立刻被擄獲。酒色和風味會隨「淡熟」、「中熟」、「濃熟」的不同熟成度，而有所變化。是一款在盡情點滿整桌料理後，會忽然想到「一定要搭這個才對味」的佐餐好搭檔。

適合的料理

羊小排（義大利香醋醬汁）、青椒炒肉絲等各種中華料理。

適合的酒器

白蘭地杯、Shot杯（和緩濃烈香氣時選用）等。

氣泡清酒

也有這樣的日本酒？這甘甜味也太驚人了！

類型
果香系

適飲溫度
5℃以下

口感
輕柔

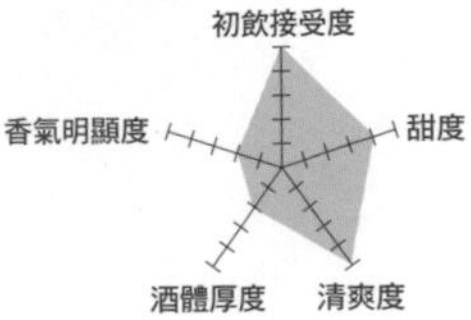

充滿氣泡的香甜風味，
瞬間抓住女孩們的心。

噗滋噗滋的氣泡帶來涼爽暢快的口感

「氣泡清酒」又有「和製香檳酒」的別稱，其最大的魅力就在於清爽的口感。有不少對日本酒敬而遠之的人，在喝過氣泡清酒後，馬上成為忠實的粉絲，特別是受到廣大女性的歡迎擁護。甜度有分為甜（Sweet）、微甜（Medium）、乾式（Dry）等各種等級，是揭開華麗派對序幕時，不可缺少的耀眼酒款。

適合的料理

義式鯛魚 Carpaccio 等的前菜。

適合的酒器

鬱金香杯（Flute glass）

濁酒

舒心放鬆的純米原味

豐盈又讓人放鬆的
療癒感，是我專屬的
滋味喔！♪

類型
旨口系

適飲溫度
常溫 ~50℃

口感
濃醇

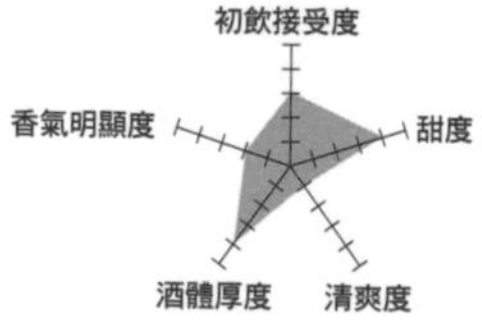
初飲接受度
甜度
清爽度
酒體厚度
香氣明顯度

深深感受純米原味！就像是米釀果汁

「濁酒」是將完成發酵的酒醪，放入粗網目的酒袋中經過濾壓榨而成，最大的特徵是，純白的酒醪彷彿滿天白雪的雪季，完全符合「雪見酒」的形象。比起香味或餘韻，其獨特豐沛的純米原味更讓人期待。入口可感受到溫潤的口感，酒體綿密的風味，不只冷飲好喝，溫熱後飲用也非常美味。

適合的料理

味噌醃奶油起司塊、油漬牡蠣等。

適合的酒器

任何杯子都適用。

創意日本酒

即將展開日本酒界的創新革命!?

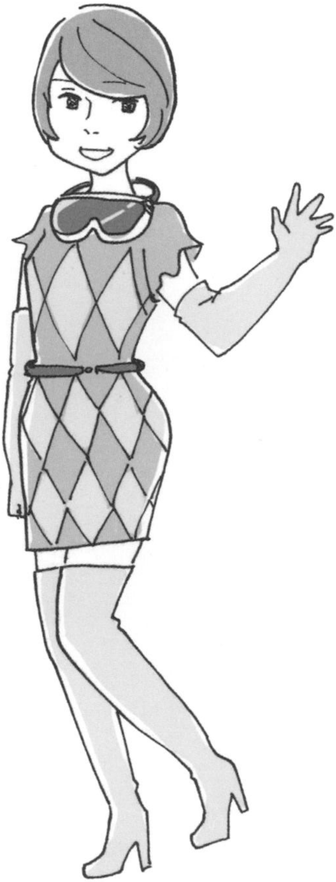

前往日本酒的新次元，將能感受到前所未有的驚喜。

類型

果香系或輕快系

適飲溫度

5~15℃前後

口感

明快

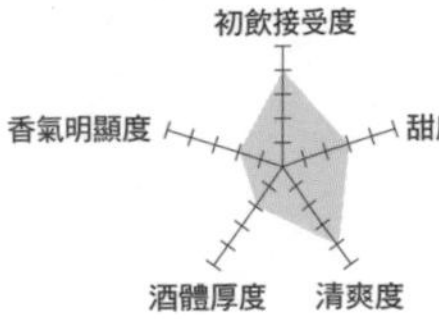

這是白葡萄酒嗎？令人迷惑的高酸度魅力

以「新政製酒」的「亞麻貓」酒款為首，如今越來越多採用白麴或黑麴等釀造元素的「創意日本酒」，將如同白葡萄酒般的高酸度與恰到好處的日本酒甜味結合在一起，產生出全新的日本酒風潮。部分酒款在喝完後會有些許「麴」的餘韻，非常適合與「使用橄欖油的料理」一起搭配飲用。是開創未來日本酒新風味，與搭配可能性的先驅者。

適合的料理

使用橄欖油製作的義大利料理、及香草麵包粉炸蝦等。

適合的酒器

Riesling 白葡萄酒杯。

葉石香織想告訴你⋯

「日本酒的門檻很高，好難理解喔！」我經常會在研討會或相關活動中，聽見大家這樣說。所以也因此產生了「我想要做一本簡單易懂的日本酒入門書」的念頭，而講到「簡單易懂的入門書」，那不就是漫畫嗎？我便以這樣的想法，開始了本書的製作。在本書中，我特別將日本酒初心者在入門時，最容易遇到挫折的日本酒特有分類，如「純米吟釀酒」或「本釀造酒」等，用漫畫圖鑑的方式賦予擬人化的獨特性格。而效果也非常不可思議，因為讀者們只要看一眼這些獨具個性的角色，就能立刻聯想到每一款酒的特徵，這就是漫畫神奇的魔力！就連常常被說是深奧難解的日本酒製作流程，都能透過擬人的圖像化，輕鬆被理解與記憶。

此時我不禁感嘆，如果當年我為了研究日本酒而到處翻找專書時，能有一本像這樣簡單易懂的書來帶我入門，那絕對會是我的首選！所以這本書可以說是與日本酒長期交往的我，要獻給像我當年一樣的初心者們，一本你最想要的日本酒入門書。

除了以漫畫圖鑑的方式，賦予每一款日本酒擬人化的獨特性格之外，本書更將日本酒的各種基礎知識，融會貫通成有劇情的漫畫內容，讓讀者們在閱讀時，也會不經意的將自己帶入某個喜愛的角色中，這更是本書的特色之一。所以不用勉強自己，只要輕鬆愉快的吸收日本酒的知識，就能更進一步的去挖掘日本酒的魅力，將「日本酒好難」的念頭轉變為「日本酒好有趣」！

相信這本書也一定能讓大家與日本酒更加親密，就像我年輕時一樣，恨不得早點擁有它！甚至連現在已經進階為日本酒專家的我，都為了拿起本書的每個讀者們，覺得好幸運呢！

葉石香織

目錄

3章 用餐酒搭配與日本酒成為好朋友

1章

日本酒的基礎知識

由「米」和「水」所製作出的豐富滋味

日本酒相當的單純，主要原料就是米和水。

這樣想起來，是不是覺得日本酒極具魅力呢？因為不能使用香料來增添香氣，也不能加糖來增加甜度，換句話說——日本酒是不能隨便做假的酒。

日本酒以獨特的「並行複發酵」（見41頁）方式釀造而成，而這種製酒法放眼全世界相當稀有，例如古代的「口嚼酒」，就是由清純的少女將含有澱粉的食物放入口中咀嚼，再將咀嚼後的食物收集成為酒基。在電影《你的名字》中，也曾出現過這樣的畫面。

現代日本酒的原型從何時開始，已經無法具體考究了，但日本釀酒技術出現戲劇性的轉變，則是因為「麴」。雖然現在已經知道麴是釀酒必備品，但前人們是怎麼發現、確定這套製酒流程的，我們並不得而知，只能將前人傳承下來的技藝不斷提昇，迎接日本酒的「黃金年代」。

日本酒豐富多元的種類令人驚訝，像是充滿噗嗞噗嗞氣泡的氣泡清酒，或洋溢果香讓人誤以為是用水果製作的日本酒，以及充滿白葡萄酒口感的日本酒等，都讓人很難相信這些日本酒只使用了米和水而已，這真是太神奇了。

而且，現代日本酒在料理的搭配上，並不侷限於「和食」，還具備有與義大利料理、法式餐點及異國風味料理等百搭的潛能，也因此大大拓展了日本酒的活躍度。或許就是因為日本酒擁有與任何料理百搭的超強包容力，連在海外市場也一年比一年更受歡迎。

越認識日本酒就會越喜歡它，接著就來了解日本酒的全貌吧。

日本酒大致可分為「純米酒類」和「本釀造酒類」兩大類

「真是完全搞不懂日本酒呀！」

日本酒會被這樣說的其中一個原因，就在於「純米大吟釀酒」或「本釀造酒」等各種名稱。讓完全不了解日本酒的人看到這些酒名時，總會冒出「這究竟有什麼不同啊？」的疑問。

日本酒依據原料、精米步合（米粒研磨的程度比例）、製作方法，而分成8個種類。這些被稱為**「特定名稱酒」**。其中除了「純米酒」以外，在精米步合的比例上都有相應的規定，而各種酒的精米步合百分比，之後可一個個慢慢記下，剛開始只要記得**「純米酒類」**和**「本釀造酒類」**這兩大類就可以了。**而這兩大類的區分在於是否添加「釀造酒精」**，不含釀造酒精的「純米酒類」，具有比較濃厚的米香味；而「本釀造酒類」比起「純米酒類」在口感上則更為輕快。

一般人聽到「釀造酒精」時或許會皺眉，但在「特定名稱酒」的規定下，釀造酒精的添加率被限制在「不超過白米總重量的10％」，而釀造酒精的功效，僅作為**「調和香氣與口感」**之用，並不會讓酒香變淡。

＊日本酒キャラクター（17ページ～）とは異なります。

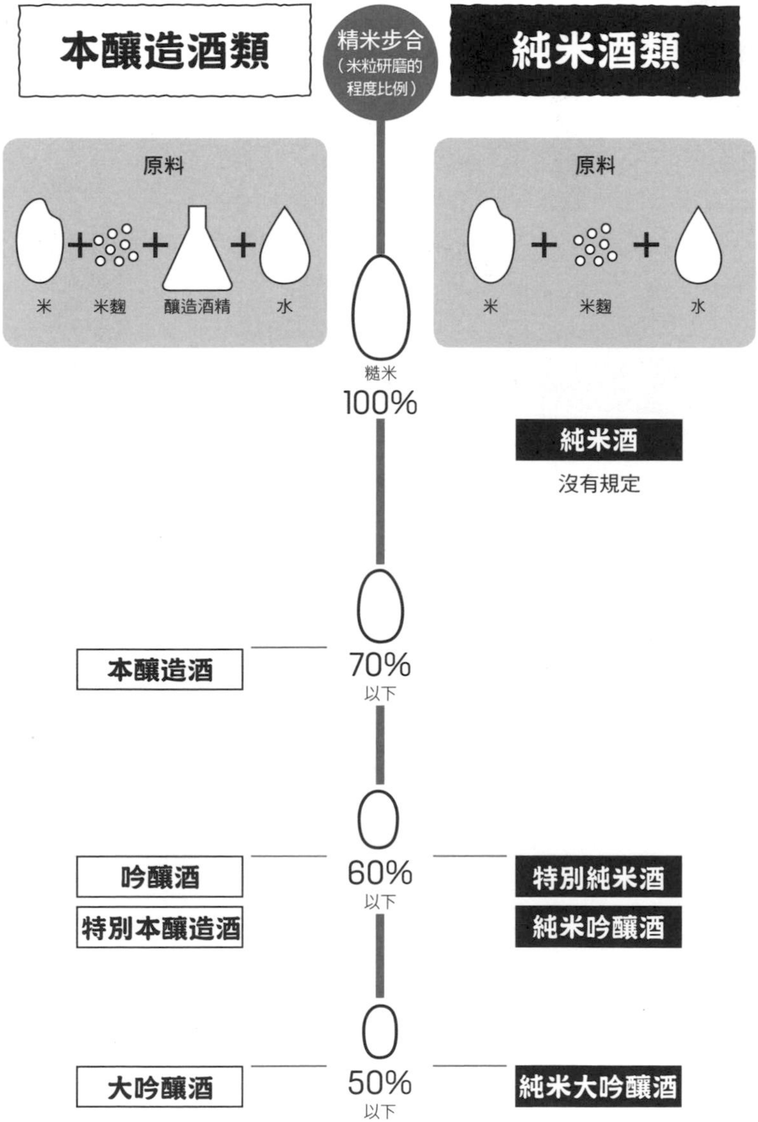
本釀造酒類
精米步合
（米粒研磨的
程度比例）
純米酒類
原料
米
米麴
釀造酒精
水
原料
米
米麴
水
糙米
100%
純米酒
沒有規定
本釀造酒
70%
以下
吟釀酒
特別本釀造酒
60%
以下
特別純米酒
純米吟釀酒
大吟釀酒
50%
以下
純米大吟釀酒

日本酒的釀造過程

①蒸米 ← **②製麴** ← **③釀造酒母** ← **④釀造醪（準備）**

①將「酒造好適米（見58頁）」磨成精米後，洗米，讓米吸收水分，再以蒸氣讓米中的澱粉糊化，接著分成麴用、酒母用及釀造醪用（掛米）。掛米依用途所需會再次進行蒸米。蒸米的手法和製程會依酒藏（釀酒廠）與商品有所不同，也有一次蒸完，再將蒸米分成各個步驟所需分量的情況。

②將麴菌撒入蒸米內，使麴菌繁殖，用以釀造米麴。這步驟大約需要2天的時間，過程中需要控制麴室的溫度和濕度，接著米麴就誕生了（見44頁）。

③將米麴、蒸米及水等原料放入被稱為「酒母用發酵缸」的缸桶內，待其發酵後就會培育出大量的優質酵母。「速釀系酒母」大約14天就能完成，「生酛系酒母」則需1個月左右的育成期（見46頁）。這就是「酒最初的狀態」。

④將完成的酒母移入大型發酵缸內，接著將麴、蒸米及水以三階段放入，同時管控溫度，一般約20~30天就能使其複發酵（見50頁）。如果以低溫進行長時間發酵，會釀造出具有透明度且口感極佳的酒。

← ❺上槽（榨酒）← ❻濾過（過濾）← ❼火入（加熱）← ❽貯藏 ← ❾加水 ← ❿裝瓶、出貨

步驟❻～❾會依商品或「藏元（釀酒商的經營者）」而有所不同，但也正因如此，所以每款酒的風味都各具特色。

❺經過榨取將酒和酒粕分開的工序（見52頁）。一般使用的是俗稱為「藪田式（やぶた）」的自動壓榨機壓榨法，可以有效率的壓榨出「生酒」。在超市中常見的板狀酒粕，就是用「藪田式」自動壓榨機壓榨後產生的。

❻壓榨出的「生酒」要靜置一段時間，使稻米碎片等的細微物質沉澱，再進行去除沉澱物質的「澱引」作業。接著用活性碳或濾過機等，濾掉細微不純的雜質（見53頁）

❼為了預防濾過後的酒變質劣化，需升溫至65℃左右進行加熱殺菌（見54頁）。通常「火入」會進行兩次，但也會依商品而調整順序或次數，且酒名也會因此有不同的名稱。此外，火入的方法有很多，有裝瓶後進行的，也有使用機器直接加熱殺菌的。

❽為了將味道、香氣等熟成至完美比例，需要貯藏一段時間。而貯藏時間的長短，則依酒藏與商品各有不同。

❾加水調整酒精濃度（見55頁）。完全不加水的稱為「原酒」。

❿裝瓶後，再以目視確認酒內是否含有不純物質。終於可以出嫁（出貨）了。

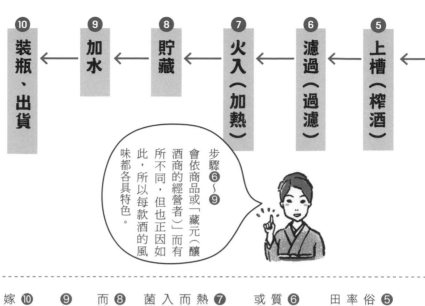

日本酒的重要推手「麴」和「酵母」

雖說日本酒的主要原料是米和水，但若單單只有這兩樣，也無法釀造出日本酒，必須要有「麴」這個不可缺少的重要推手才能完成。甚至可以說，當初如果沒有從中國大陸傳入製麴的技術，日本酒也不會誕生。

為什麼麴是釀造日本酒必須的材料呢？又為什麼不能單以米釀造出酒來呢？這是因為米粒中沒有「發酵時所必要的醣類」。

「咦？」這時應該很多人都會冒出這樣的疑惑。許多人因為米飯含有醣，所以才避免食用，但這裡又說「米粒中沒有發酵時所必要的醣類」，那麼「究竟什麼是發酵時必要的醣類呢？」。雖然以下的內容稍微專業了一些，但對於理解日本酒是個很重要的知識，所以還請大家要閱讀一下。

米的主要成分是澱粉，而澱粉是由許多葡萄糖所組合而成的，所以被稱為**「多醣類」**，說起來**就像是一串很長的日式糯米糰子的東西**。而日本酒在發酵時所需的酵母，卻無法在這樣一長串的糰子中進行酒精發酵，於是宛如英雄般的「麴」就登場了。麴具有「酵素」，可用酵素的力量，將多醣類的澱粉轉化成「單醣類」的「葡萄糖」。也就是，一長串連在一起的糰子（澱粉），經過麴的酵素反應後，分開成一小塊一小塊容易入口的狀態（葡萄糖），這一連串的過程，就叫「糖化」。待葡萄糖準備好之後，酵母就可以發揮其作用了。

也就是說，經過麴的酵素反應後，會產生尺寸容易入口的葡萄糖，接著換「酵母」上場。酵母會將葡萄糖分解成「酒精」及「二氧化碳」，這也就是所謂的「酒精發酵」。

在釀造日本酒的發酵缸內同時進行，麴的「糖化」及酵母的「酒精發酵」，這個過程被稱為「並行複發酵」。

感覺有許多像是化學課才會出現的單字，接下來就用擬人化且容易記憶的方式來解說「並行複發酵」吧。

「酵母小姐（酵母）」是一位從來沒有自己動手分切過食物的豪門千金，第一次在外面用餐時，看見一道打娘胎沒見過的巨大料理「澱粉」被端了出來。

「該如何是好呢？這麼大的料理，我想品嚐卻無從下手……」

就在酵母小姐正發愁時，「麴君（麴）」咻的一聲忽然出現。

「就交給我吧！」

麴君使用名為「酵素」的刀子，一下子就將澱粉變成酵母小姐最喜歡的小巧食物「葡萄糖」了。

「麴君，謝謝你。這樣一來我就能輕鬆享用了。」

酵母小姐滿心歡喜吃下小巧的葡萄糖，接著又將葡萄糖分解成酒精和二氧化碳。

……試著將這內容想像成繪本故事，是不是就更容易理解了呢？

釀造日本酒時，當然需要「米」這個原料，但如果沒有備齊「麴」和「酵母」這兩員大將的話也無法製作。所以每次喝日本酒時，都不禁會感謝起創造出「並行複發酵」這般複雜組合的製酒前人們。

麴和酵母

麴君（麴）
用必殺技「酵素」讓澱粉變成糖，成為酵母小姐的堅強戰友。

酵母小姐（酵母）
喜歡小口的食物。能將喜愛的葡萄糖分解成酒精和二氧化碳。

這樣子沒辦法吃呀
哎呀……
澱粉兄弟
喀嚓
哇~
被切割後就變成葡萄糖了
一口吃的大小
變成二氧化碳和酒精了
嚼嚼
嚼嚼
呀~~
噗

各具特色的製作過程…❶

種類繁多的麴　製麴

自古以來就有「一麴、二酛（酒母）、三釀造」的說法，可見麴在日本酒的製作過程中，是有如主角般的重要存在。所謂的麴，指的是在米上所繁殖的麴菌，當麴菌的菌絲突破表層深入白米中，這情形稱為「破精」。藏元（釀酒商的經營者）會依所釀製的酒款，而改變菌絲的破精型態。例如讓菌絲平均覆蓋在白米上的種類稱為「總破精型」，而菌絲深入米芯，在表面上呈現斑點不規則狀分布的，則是「突破精型」；前者的糖化力較強，多用於釀造*旨口類的酒，後者的糖化力適中，多用於製作大吟釀等。

此外，麴菌的種類也非常多，不同麴菌所釀製出的日本酒風味也不一樣。早期日本酒所使用的是黃麴。然而最近就算使用白麴或製作本格燒酒及泡盛的黑麴來釀造日本酒也不稀奇。這兩款麴菌的特色，在於會產生大量的檸檬酸，由於檸檬酸的生成可以抑制酒中雜菌滋生，達到預防*腐造的效果，所以常被使用於九州或沖繩等氣候較熱的地方。使用這兩款麴菌來釀造日本酒，就會製作出酸味較高有如白酒口感般的日本酒。

*「旨口」，是指旨味特出的酒款。「旨味」則是日文中對味覺的獨特描述，近似於中文的鮮味，多由胺基酸類所構成。

*腐造……日本酒在釀造過程中產生變質，因而不能成為商品的狀態。

麴的種類

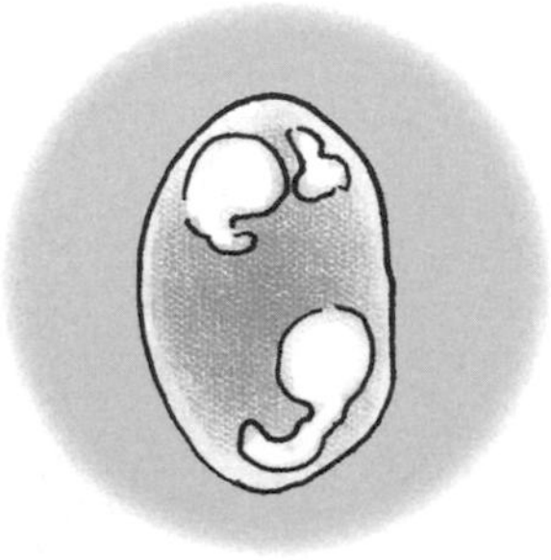

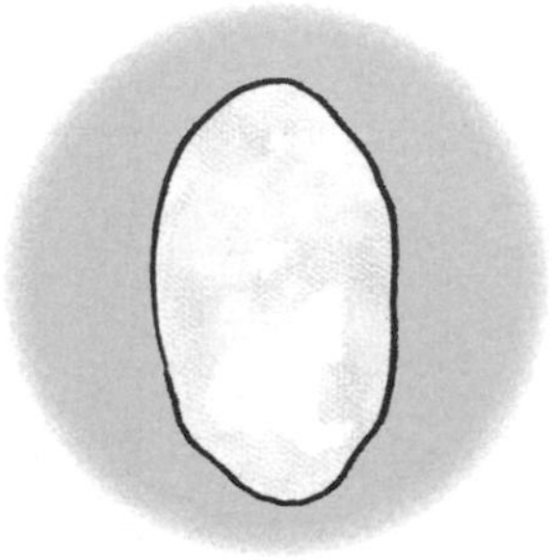

突破精型

菌絲深入米芯，在表面上呈現斑點不規則狀分布，適合用於釀造如大吟釀等高級酒。

總破精型

麴菌完整覆蓋米的表面，菌絲均勻包覆於整顆米粒上。糖化力較強，常被用於釀造旨味豐富的純米酒。

麴菌的種類

黃麴

自古以來不只日本酒，就連味噌和醬油等也都是使用黃麴製作。擁有高雅的果香味。

白麴

黑麴的突變種。可產生大量的檸檬酸，口感比黑麴更加溫和、容易入口。

黑麴

多被用於釀造本格燒酒或泡盛，材料本身的風味就很豐富，口感醇厚且強烈。

製作酒母

培養出大量的酵母

日本酒並不是將原料整個裝入缸桶內一次發酵完成的，而是先在被稱為「酒母用發酵缸」的小型缸桶內作出基礎的「酒母」。透過基礎發酵先孕育出所需的大量酵母，讓酵母不會在釀酒過程中因疲乏而停止發酵，而會確實地增生，藉此穩定的釀出原酒來。由於這就是酒的原型狀態，所以「酒母」又被稱為「酛」，也就是「酒的母親」。

「酒母」可分為「速釀系酒母」和「生酛系酒母（包括『山廢酛』等）」這兩大類。如果以一句話簡單說明這兩種酒母的差異：速釀系酒母是因為技術革新而出現的「新酒母」；生酛系酒母則是自古就有的「傳統酒母」。基本上，速釀系酒母添加了「乳酸」與人工培養的「酵母」，來幫助其順利進行發酵；但現在也有一部分的生酛系酒母也採用添加酵母的作法，因此以「生酛系＝無添加酵母」的解讀也未必正確。

製造酒母的 3 種技法

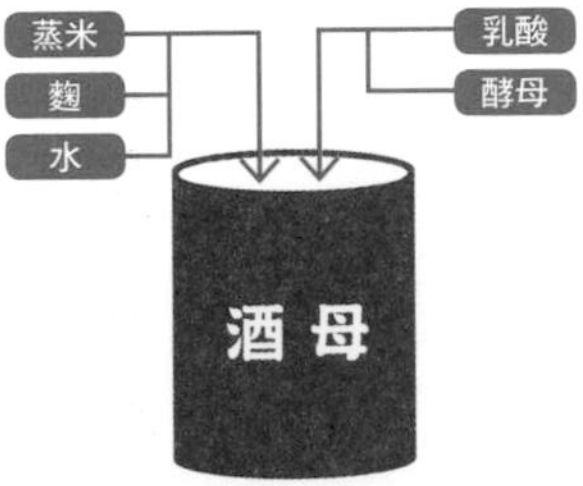

蒸米
麴
水
乳酸
酵母
酒母

速釀系酒母

此技法確立於明治時期。以添加乳酸和人工培養的酵母為主，是個既安全又能在短期間內造出酒母的方法。酒母的育成期約為 14 天。完成後的酒質穩定平衡、風味溫和，目前絕大部分的酒母都是以此方法製作。

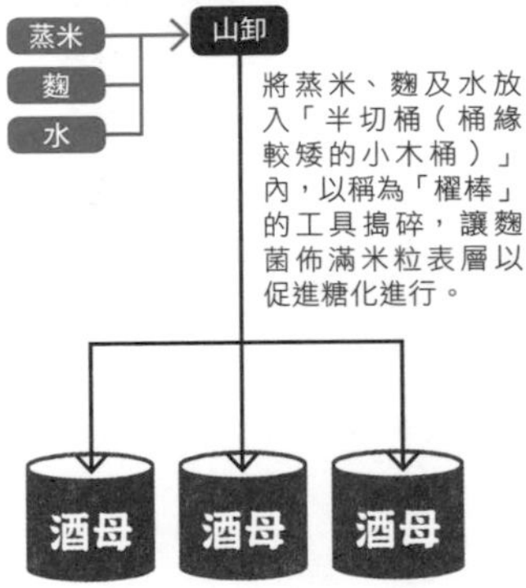

蒸米
麴
水
山卸
將蒸米、麴及水放入「半切桶（桶緣較矮的小木桶）」內，以稱為「櫂棒」的工具搗碎，讓麴菌佈滿米粒表層以促進糖化進行。
酒母
酒母
酒母

生酛系酒母

此技法確立於江戶時期。主要特點是將被稱為「*埋飯」的蒸米、麴及水等原料分成數小份，放入桶中，以稱為「櫂棒」的道具進行「山卸」作業。

將原料拆分成數小份，是為了容易控管溫度，透過自然界的乳酸菌和酵母等微生物來幫忙，是傳統的製作法。酒母的育成期約為 1 個月，完成後的酒質酸度偏高，味道濃醇，但現在也有味道溫和的生酛系酒母出現在市面上。

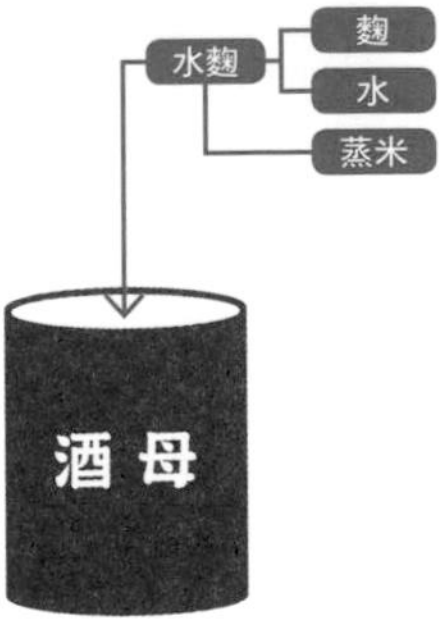

水麴
麴
水
蒸米
酒母

山廢酛

此技法確立於明治後期。正式的名稱為「山卸廢止酛」，主要是改變放入原料的順序，即使不進行「山卸」作業，也能製作出相同的生酛系酒母。特色是一開始先將水和麴混合在一起，製作出「水麴」後，靜置讓麴的酵素溶解，接著再加入蒸米，所製作出的酒質近似於生酛。

*「埋飯」是指經長時間冷卻後的硬蒸米，主要被使用於生 。

乳酸菌是守護酒母的警衛

在介紹「酒母製作」的過程中，竟然出現「乳酸菌」、「乳酸」等字眼，或許有人會疑惑：「乳酸菌不是製作優格用的嗎？為什麼會出現在日本酒中？」。但乳酸菌與麴及酵母一樣，是釀造日本酒時所不能缺少的原料。簡單來說，尤其是對生酛系酒母而言，乳酸菌扮演著「警衛」的角色。因為空氣中有許多肉眼看不見的野生酵母與雜菌會妨礙發酵，乳酸菌具有代謝糖類，產生乳酸等功效，能以「酸之力」保護酒母不受野生酵母及雜菌的影響。

從前日本為了保護食物不被雜菌入侵、預防腐敗等，會利用醋或梅乾等來幫助保存，還有許多相似例子也都是同樣的原理，亦即「以酸之力守護重要食材不讓雜菌侵害」。所以就生酛系酒母的情況來說，是用酒藏（釀酒廠）內所存在的天然乳酸菌進行作用，透過乳酸菌勤奮的工作來製造出乳酸，待大量的乳酸產生後，就能將釀造環境中不需要的雜菌一掃而空。這對於酒母來說是個能安心發酵的狀況，且在酸性的環境下，酵母也會有更好的表現，**乳酸菌可以說是「酵母」統領所招來對抗入侵者、創造良好環境的優秀家臣**。由於生酛系酒母需要借助天然微生物的力量，慢慢地完成酒母的製作，所以比速釀系酒母的育成期更長，這也是為什麼生酛系酒母又被稱為「育酛」的原因。

而速釀系酒母的情況，是因為從一開始就添加乳酸菌與人工酵母，所以可大幅降低育成期（是生酛系酒母的一半，約為14天）。自從明治43年發明添加乳酸菌的技法後，發生「腐造」的情形也越來越少見了，如果說現在絕大部分的酒，都是以速釀系酒母來釀造也不為過。

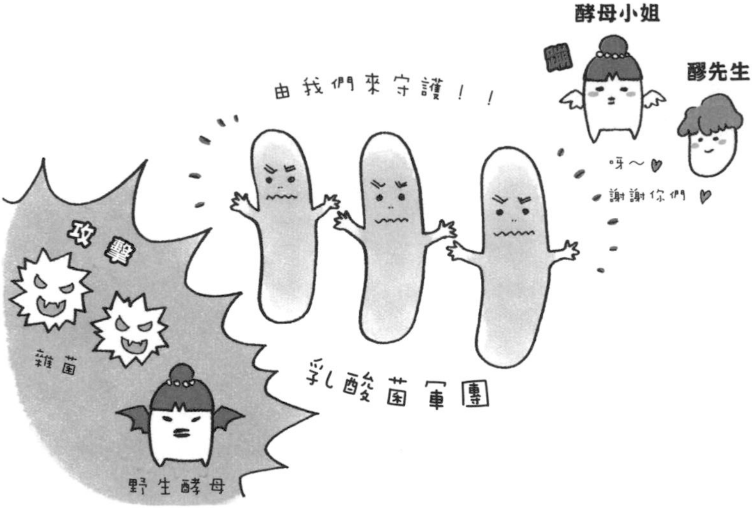
酵母小姐
醪先生
由我們來守護！！
呀～
謝謝你們
攻擊
雜菌
野生酵母
乳酸菌軍團

各具特色的製作過程…③

正式進入釀酒步驟　製醪

酒母製作完成後，終於要進入以大缸桶「製*醪」的步驟了，雖是這樣說，但可不是一口氣將全部材料都倒入桶內就好。為了不讓酒母在孕育酵母這重要的階段感到疲憊，因而要將**作為材料的麴、蒸米及水，分成三階段一點一點地加入，同時要密切地控管溫度，使其慢慢地進行穩定發酵**，這程序稱為**「三段式釀造（三段仕込）」**。放入原料的第一天稱為**「初添」**，第二天則是什麼也不加，靜待酵母繁殖，稱為**「舞動」**，第三天稱為**「仲添」**，最後的第四天則稱作**「留添」**。各階段的名稱，雖然都是日常生活中用不到的單字，但如果去酒藏（釀酒廠）參觀的話，就會經常聽到這些詞，所以還是稍微記一下吧。

雖說醪的育成期一般大約為20～30天，但現今有些超過40天的種類，也並不稀奇。將**醪控制在10℃以下的低溫中，會延長其育成的時間，所製作出的酒質會有溫和且清透的口感；若將溫度稍微調高至12～13℃，能縮短育成的時間，所製作出的酒質旨味也會較濃郁**。

＊「醪」，已完成釀製但尚未「上槽（榨取）」、「濾過（過濾）」的原酒。

三段式釀造

第 1 天　**初添**

將製作好的酒母、水、麴及被稱為「*掛米」的蒸米放入缸桶內。

↓

第 2 天　**舞動**

為了促進酵母繁殖所以什麼都不添加，是不進行任何作業的休息期間。

↓

第 3 天　**仲添**

加入約初添 2 倍的水、麴及蒸米等原料。

↓

第 4 天　**留添**

三段式釀造的最後一個步驟。加入約仲添 2 倍的水、麴及蒸米。

↓

第 20 ～ 30 天　製醪完成啦！

＊「掛米」專指製醪所用的蒸米。
蒸米是用於製麴和製作酒母時所使用的米，大多與製醪時所用的米不同。

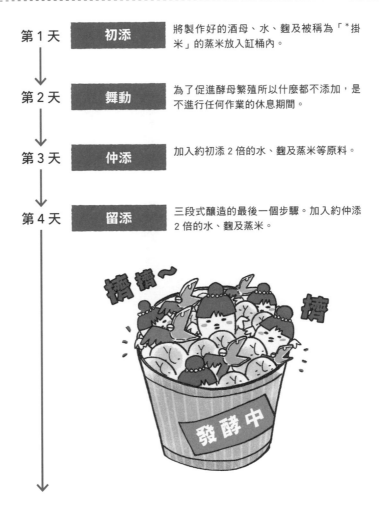

到完成為止還有這幾步驟！

上槽

酒質會隨著榨取的方式而改變

「上槽」被稱為是日本酒釀造過程中的重頭戲，沒錯，也就是所謂的「榨酒」。榨取酒汁的方式有非常多種，一般最常使用的是俗稱為「藪田式」的「自動醪榨機」，如手風琴狀由橫向施壓，是個十分具有效率的榨取方式。也有將醪裝入酒袋，並排放入名為「槽」的箱子內，用從上而下施加壓力的傳統槽榨方式。而高級的日本酒則多使用「袋吊」的方式，亦即將裝入醪的酒袋吊掛起來，透過自然垂滴的方式收集酒汁。以及運用離心力的最新榨取法「遠心分離榨酒」，這也是部份高級日本酒會採用的方式，而提到遠心分離技術就以「獺祭」最為有名。酒質會隨著榨取的方式而有所不同，施加的壓力越小越沒有雜味，口感也更加清透。此外，酒名也會依據榨取的流出順序而有所不同，依序為前段的「荒走」、「中取」、及後段的「責」，越後者所含的雜味較重。

濾過

去除不純的物質和雜味

榨取後的日本酒要經過**「澱引」**，也就是讓酒內的固狀物質沈澱約10天，再進行「濾過（過濾）」，**過濾最主要目的就在於「去除不純的物質」**。

過濾的方式大約可分為兩種，過去常以活性碳進行過濾，但增加活性碳的用量後，不只去除雜味，連*酒的原色也會被去掉，變成無色透明狀，較適合用來製作風味偏輕快的淡麗口感。

而最近主流的過濾方式，則是使用過濾機輔以濾紙、布等濾材來進行過濾，這方法稱為**「素濾過」**，只取出不純的物質，可完整地將酒的原色和味道保留下來。但現在即使是標有**「無濾過（未經過濾處理）」**的日本酒，其實大多也都經過「素濾過」的處理。

風味差異

無過濾	濾過
豐富	明亮
旨味	淡麗
濃口	清爽
濃醇	新鮮
刺激	清透

＊剛榨取好的酒汁原色，通常會呈現淡綠色。

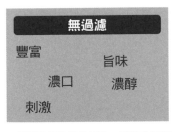

火入

酒質會隨著時間點而改變

通常日本酒會在①過濾後②裝瓶前，進行名為「火入」的加熱殺菌步驟。所謂的加熱也並不是直接用直火加熱，而是以隔水加熱的方式間接進行，其目的是**「避免酒的品質劣化」**。但麻煩的是，日本酒會隨著火入次數，以及在哪個時間點進行火入等，產生不同的酒名標示與風味口感。例如完全不經火入處理的叫做**「生酒」**，富有細緻的新鮮口感；而**「生貯藏酒」不經過第一次火入處理；「生詰酒」則是不進行第二次火入處理**，這兩款酒都是屬於**半生的狀態，所以要用低溫貯藏**，雖然仍保有些許新鮮度，但整體而言已經具有熟成感與圓潤滋味。順道一提，在秋季＊風物詩中所說的「冷卸酒」就是指「生詰酒」。

火入的種類和時間點

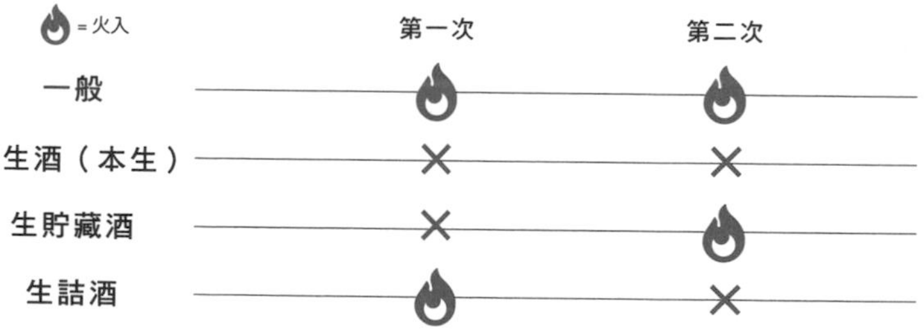

= 火入
第一次
第二次
一般
生酒（本生）
生貯藏酒
生詰酒

＊「風物詩」是日本專有的文體，指含有季節、景色的詩句。

加水

調節酒精濃度

日本酒在經過火入處理後，為了調整其風味，會經過一段時間的**「貯藏」**。而後，**會加水將酒精濃度調整至15～16度**，以符合一般日本酒的習慣。最近常見標有「原酒」字樣的酒，是指製程中沒有經過加水步驟，也就是說──「原酒」的**酒精濃度就比一般日本酒更高，所以入口時常會感受到較刺激的口感**。

另外想提醒一下，關於**低酒精的酒**，很容易被誤以為是因為加了許多水，造成酒精濃度較低，但最近出現越來越多不加水的**「低酒精原酒」**，這類型的酒比一般經過加水處理的低酒精酒，更具旨味，雖然酒精濃度不高但也很值得一喝。

酒精濃度的基準

原酒	18～20度左右
一般的日本酒	15～16度左右
酒精的酒	8～14度左右

酒標就是日本酒的生產履歷

如果將日本酒比喻為人的話，**酒標正面就是臉孔，酒標背面則是個人簡介**。近年來市面上所販售的日本酒，出現越來越多由專業設計師操刀、具有設計感的酒標。一般而言，酒標正面用來標記純米酒、大吟釀酒等特定名稱，瓶肩標籤則用來標註該酒款的釀造方法等，至於胺基酸度等日本酒的成分資料則標示於背面酒標。

說穿了，成分數值也不過是個參考值而已，一味追逐著數據，說著深奧術語的年代已結束。現在市面上有許多標榜「不公開資訊」的酒款，就請以實際口感愉悅地品味日本酒吧！

正面酒標
瓶肩籤
正面酒標
特定名稱
商標
無濾過生原酒
純米酒
第一次

原料

標示著米、米麴、釀造酒精等，所用原料的名稱。

精米步合

將100%的糙米研磨後所保留的數值。例如精米步合 70% 的意思，就表示糙米被研磨掉了 30%。

酒精濃度

100ml 中所含的酒精量，一般而言日本酒平均約在 15 ～ 16 度。

酵母

標示所使用的酵母名稱。

日本酒度

在相同的日本酒比重下，判斷酒款甘、辛口感的程度。大致來說，正數表示是糖分較少，屬於「辛口」，負數則表示糖分較多，屬於「甘口」。但這數值僅供參考，因為實際的口感也受到酸度密切影響。

酸度

日本酒中有機酸（琥珀酸、乳酸、蘋果酸）的含量數值，與日本酒度關係密切（參閱 P.60）。

胺基酸度（胺基酸含量）

標示出日本酒中所含有的胺基酸數值。胺基酸含量越高風味就越濃醇，反之則口感較為清爽。

容量

標示本支日本酒容量。

製造年月日

標示著日本酒裝瓶的年月日，多以 BY（Brewery Year）表示。BY 是指該年的 7 月 1 日到隔年的 6 月 30 日為止，都記為同一年。例如標示為 2018BY，就是指該酒係於 2018 年 7 月 1 日到隔年的 6 月 30 日之間所完成裝瓶的。

製造者名稱．酒廠所在地

標記酒廠的名稱與所在地。

背面酒標
原料／米、米麴
精米步合／60%
酒精濃度／15 度以上，但未滿 16 度
酵母／協會 9 號
日本酒度／-3
酸度／1.2
胺基酸度／1.6
容量／720ml
製造年月日／2018 年 03 月
東京都　酒緣亭酒造

一般食用米與「酒造好適米（適合釀酒的米）」不同之處在於「心白」

用來釀造日本酒的米與我們平日所吃的食用米不一樣，釀酒用的米又被稱為「酒造好適米」，要先通過「農產物檢查法」的嚴格條件。而一般食用米與酒造好適米最大的不同在於「心白」，也就是米粒中心白色不透明的部分，用肉眼也能輕易看出來，從前的釀酒職人也將「心白」稱為「目玉」。

此外，酒造好適米的另一個特點是「米粒較大」。由於釀酒用的酒造好適米，比起一般食用米需要經過更多的研磨，所以一般會希望使用較大顆的米粒。再者，酒造好適米的蛋白質與脂肪含量都較少，較不易引發雜味形成，且具有容易溶解的特性，對於促進酒精發酵來說是一大優點。所以現在日本各地都持續研發培育酒造好適米，以及部分專供釀酒用的一般食用米。

沒錯，最近使用「等外米（未符合酒造好適米標準的米）」製作的酒也越來越多了。「等外米」因為容易裂開，所以被排除在酒造好適米之外，使用這種米釀酒，就算以釀造純米大吟釀的等級來進行研磨製作，在完成後也不能標上「特定名稱酒」（見36頁）的字樣。但如果不在意這些標示的話，有些這類型的酒CP值很不錯，所以「等外米」近來也有不錯的人氣。

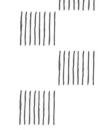

一般食用米和酒造好適米的差異

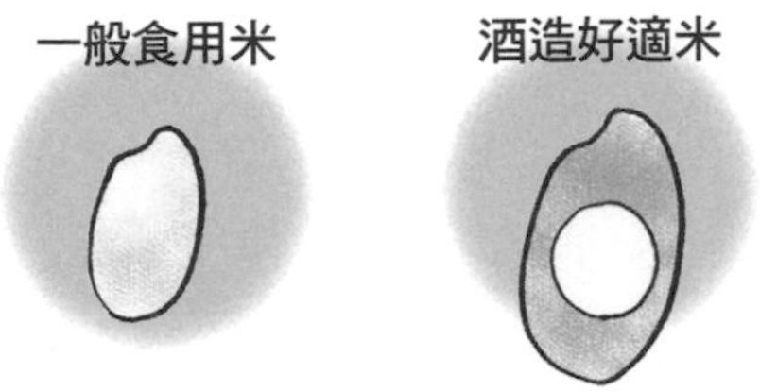

米粒大小的差異一目瞭然。將兩種米粒累積至上千粒後，兩邊重量的差距將可達5g之多。可以很清楚的看出米粒中是否有心白。

四大酒造好適米

山田錦

擁有「酒米之王」的稱號。多被用於釀製高級酒，並常在日本新酒品評會中被使用。原產地為兵庫縣，具有清透優雅的口感。

雄町

此品種被認為是「日本最古老的酒造好適米」。原產地為岡山縣，具有渾厚的旨味。「雄町」是超高人氣的品種，在日本甚至會定期舉辦「日本雄町高峰會」。

五百萬石

原產地為新潟縣，為紀念生產量超過500萬石故以此命名。擁有淡麗清爽的口感。近年由「五百萬石」和「山田錦」所共同育種出的「越淡麗」也很受歡迎。

美山錦

原產地為長野縣，具有沉穩且溫潤易入口的特點。在長野縣除了「美山錦」外，還有另一個夢幻酒米「金紋錦」也被成功復育了，目前被全日本各地所使用。

「甘口」與「辛口」取決於日本酒整體的平衡

在店內點用日本酒時，常會用「甘口」、「辛口」來表達。那麼究竟日本酒的「甘口」與「辛口」有什麼不一樣呢？

就數值而言，是以「日本酒度」為標準值（大多會標示於背面酒標）。所謂的「日本酒度」就是在相同比重下，用含糖量作為甜與不甜的指標。以0為基準，正數的數值越大時，表示日本酒中所含的糖量較少，屬於「辛口」；相反的，負數的數值越大時，表示內含的糖量越多，屬於「甘口」。

但這其實只是「參考基準」而已。就算是「日本酒度」完全相同的酒，當含酸量較多時，就會覺得比較不甜；而含酸量較少時，就會感覺比較甜。也就是說，關於日本酒的「甘口」與「辛口」，不能只單看「日本酒度」而已，還會依「酸度」的平衡而有不同的感受。

此外，甜或不甜這樣主觀感官性的判斷，常會因人而異的出現很大差距，就算我說「這是辛口的日本酒」，可能也會有人覺得這是「甜的」，但再這樣寫下去，只會變成「呃……」的局面。所以沒關係，只要先有這樣的概念即可，也就是**「基本上，以米為主體的日本酒都帶有甜味」**。而**「甘味＝旨味」**，正是富含麩胺酸的日本酒最真實的特色。我認為，在此基礎上品味日本酒，或許可想成**「辛口日本酒是完全不存在的」**。

實際上最近有些頗獲人氣的日本酒，大多都是甜味強且富含酸度的類型。因為只要提高酸度，就能增進清爽感，讓後味更俐落。所以即使是喝下瞬間會感到「甜味」，但只要酒中有恰當的酸度，也能發揮平衡的效果，讓人不經意地一杯接一杯。

在書中前面有寫到（見56頁），現在不公開數據資訊的酒藏（釀酒廠）越來越多了，所以不用太過拘泥於數值或「辛口」之類的術語，試著多嘗試各種不同的酒，或許就能從中漸漸知道自己喜歡的日本酒類型。

日本酒度的判斷法

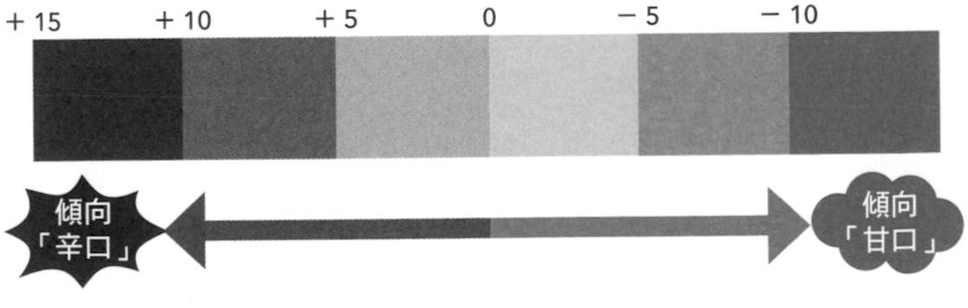

百花齊放的各地日本酒

隨著時代改變、新舊世代交替，藏元（釀酒商的經營者）也走向年輕化。日本酒的風味更因此產生卓越性的進步，甚至變得更加美味。而各地藏元們跨區聚集在一起交流，並且共同舉辦研討會等活動，也讓釀造技術進一步的向上提升。

此外，各藏元們所構思的「品牌獨創酒」逐漸變多，進而讓共同的「在地特色」比過往淡了一些，變化最顯著的就是新潟縣。一說到新潟縣，大多會想到以「淡麗辛口」為代表的「久保田」、「八海山」，但最近許多酒藏（釀酒廠）也開始針對東京市場，釀製富含「旨味」或帶有酸甜果香的獨創酒款。這樣的情況並不僅限於新潟地區，幾乎全日本的各個都道府縣都吹起這股風潮。

不過即使時代改變，還是有些以服務在地人們為目標的品牌，依舊將「在地特色」視為首要宗旨，保留住「只有這個地方才能釀製出」的味道。尤其是以當地居民為主要客群的日本酒，會將該地區的特色，反應在居民們每天都會飲用且價格實惠的普通酒或本釀造酒中。很多像這樣的在地日本酒，不僅CP值很高，也適合當佐餐酒飲用。

我自己覺得，**各地的日本酒風味應該都會呼應該地的傳統發酵技術，例如味噌、醬油、漬物等**。像是偏好甘口醬油與漬物的地區，那麼日本酒也會有與之相應的甜味；相反地，喜好重鹽味醬油的地區，就會比較喜歡口感清爽的日本酒。甚至是日本酒與在地料理的搭配也如此，畢竟都使用了在地的調味料，在適合度上一定大大提升。

就像**日本酒的風味，也能反映出當地的風土樣貌**。例如：鄰近海邊、海產豐富的地區，就會喜歡能搭配海鮮、且口感清爽暢快的日本酒。茨城縣大洗町的「月之井造酒店」，其所釀造的「彥市」就完整體現了這個看法，實際上他們的經營者就曾說過「因為我們在大海附近，所以釀造出的酒也與海鮮很搭」。

在商品流通效率無國界的現在，不管身處何地，只要按一下滑鼠，無論是國內或國外的食物、調味料等都能輕易入手，但仍有僅忠實呈現當地特色的日本酒努力存在。如果有機會造訪酒藏，請一定要選購具當地特色的主要商品來試試看喔！

日本酒嚐鮮，就從這幾款開始！

1 顛覆你對日本酒的印象

氣泡清酒

隨著釀造技術的提升，就算說現在是日本酒在品質與味道都達到「空前水準、百家爭鳴」的黃金年代也不為過。但以日本酒初心者的角度來看，常常會出現「種類多到不知該選擇哪一種才好？」的疑惑，尤其當中更有對日本酒抱持著「酒精濃度很高」、「是大叔喝的酒」等負面印象的人。

所以最直接的建議就是：日本酒初心者請喝喝看「氣泡清酒」，相信對於日本酒一定會有耳目一新的改觀。「氣泡清酒」是一款有著香檳一般，充滿噗嗞噗嗞氣泡的發泡性日本酒。入口的果香暢快感，幾乎會讓第一次飲用的人讚嘆「這竟然是日本酒？」。而比起一般日本酒，氣泡清酒的酒精濃度較低，所以平日喜歡喝低酒精飲品，如沙瓦或利口酒的人很容易入口。特別是女性的接受度頗高，有不少人都是因為氣泡清酒的觸發，開始對日本酒產生濃厚的興趣。

3 種氣泡清酒

① **瓶內二次發酵**	正如其名，是在瓶內進行二次發酵的酒。先將酒汁榨取完成後，加入事先濾出的*酒滓，讓酵母在瓶中促使酒精持續進行發酵，進而產生出特有的強烈氣泡。
② **灌入二氧化碳**	在榨取後的酒汁中以人工方式灌入二氧化碳。這類型的氣泡清酒大多價格親人、容易入手。
③ **活性濁酒**	在發酵過程中直接進行裝瓶。與①同樣都是在瓶內進行二次發酵，但比起第①款會產生更多的*酒滓。由於此類酒的氣泡較強，為了避免開瓶時瓶蓋噴飛，請多花一點時間慢慢打開。這類型的氣泡清酒，絕大多數是季節限定商品。

*「酒滓」是指殘留下來的米與酵母等微生物。

2 香氣華麗又好入口

純米吟釀酒及純米大吟釀酒

初心者嘗試過氣泡清酒之後，相信對日本酒的刻板印象已經有大幅度的改變。接下來，希望可以嘗試的就是——將米粒經過高度研磨後，用米芯精華所釀製而成的「純米吟釀酒」及「純米大吟釀酒」。**或許有些人會問「只是初心者而已，有需要一口氣喝到這麼高檔、價位這麼高的酒嗎？」，但「就因為是初心者才需要如此」**。「純米吟釀酒」和「純米大吟釀酒」是耗費大量時間與工序所製作出的日本酒。它以米作為原料，卻可以釀製出蘋果、香蕉以及山竹、哈密瓜等水果芳香，還有著入口甘甜的美妙滋味。雖然價格確實比較高，但它獨特的水果香氣與甘甜，會讓人一喝就完全被命中、瞬間忘了價錢，更因此愛上日本酒。若能使用葡萄酒杯來飲用的話，瞬間集中的香氣，會讓人立刻想臣服在它腳下。

「純米大吟釀酒」具有獨特的果香，那會很甜嗎？這是一般人對它最容易產生的疑惑。但「純米大吟釀酒」的甜味，其實是與日本酒的旨味融合後所散發的特性，**尤其在剛開始用餐、還沒喝醉，且味覺和嗅覺仍相當敏銳時，十分適合多方嘗試這個等級的酒**。

水果香氣的秘密

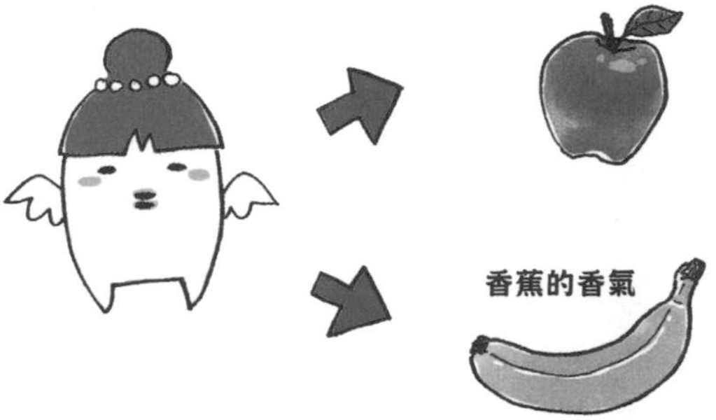

第一次讓我為之驚豔的日本酒，就是一支帶有果香的「純米大吟釀酒」。年輕時身處泡沫世代的我，經常把便宜的日本酒拿來在應酬時拚酒或罰酒，大家不辨好壞的一口乾掉，也讓我對日本酒留下了不好的印象。但隨著吟釀酒的熱潮興起，某次喝到帶有強烈果香氣息的「純米大吟釀酒」後，我才終於大開眼界的體會到：「日本酒竟然能這麼好喝！」

所以站在自身經驗的基礎上，我要大聲疾呼，**初心者剛開始接觸日本酒時，請遠離那些來歷不明的劣質酒、便宜酒，一定要從酒藏（釀酒廠）傾注心血所釀製的頂級純米大吟釀來入門**。一杯品質較好的日本酒，價格往往是普通便宜酒的1.5～2倍，但它出色的香氣與味道，一定值得這個價錢。尤其初期所喝到日本酒的好壞，會造成日後對日本酒的刻板印象，只要有幾次不好的經驗，就需要再經過一段時間，才會願意鼓起勇氣來嘗試，所以更希望初心者可以直接從品質好的日本酒開始發現它的美好。

日本酒進階班－充滿純米原味的「純米酒」

當你對日本酒的印象已經不再抗拒，味蕾也已經習慣日本酒的風味，如果想要進一步的嘗試各式各樣、別具特色的日本酒，不妨直接選擇「純米酒」，來感受「米」的旨味。尤其在喝慣了暢快清爽的「氣泡清酒」、口感華麗的「純米大吟釀」後，充滿「厚實」魅力的旨口「純米酒」，特別讓人能有不同的深刻感受。

「純米酒」沒有「純米大吟釀」的浮華感，但它沉穩平靜的香氣，沒有半點多餘修飾的樸素「純米」風味，深入人心。我甚至認為旨口的純米酒就是「深入日本人DNA的滋味」、就是「能喚醒細胞記憶中的懷念」，所以只要是日本人或米食民族，任誰都能在這味道中感到安心，只要在「純米酒」的香氣氛圍中與料理慢慢搭配享用，就能感受它的魅力。

「旨口的純米酒」種類非常多，在習慣了正統款之後，還有被認為是「內行品酒人」才懂品飲的「生酛」或「山廢」。一般來說，「生酛」或「山廢」的主要特色在於酸度較高，如果用葡萄酒的口感來比喻，其酒體約介於中等到厚重之間，所以初心者對這類酒的反應很兩極。尤其是還喝不慣日本酒的人，要他覺得「生酛」、或「山廢」這類帶有獨特酒體與酸味的日本酒好喝，需要時機成熟的等待。就像小時候討厭的苦瓜或野菜，長大後反而覺得很美味，所以只要一步一步的前進，讓味覺隨著經驗累積成長，某一天就能發現它的迷人之處。或是乾脆選擇最近市面上出現的「軟性」生酛或山廢類純米酒，也可以降低品飲的門檻。

「純米酒」的適飲溫度相當廣，不論是冷酒、常溫或燗酒（加熱飲用），「純米酒」在所有溫度下的呈現都十分值得期待。有些人或許會覺得「燗酒」容易產生較嗆的酒味而卻步，但這其實是因為加熱方式所造成，只要細心地以「隔水加熱」來溫酒，就可以避免這種情況發生。另外還有一個重點，就是**第一次喝「燗酒（見104頁）」時，最好去有「燗酒師」的日本酒專門店**。雖然在家自己加熱也不是不行，但要了解酒的種類與適合的溫度，並沒有想像中容易，所以由專家所加熱出的燗酒，在口感層次上是完全不同的。只要品嚐過，一定會驚訝那些在常溫或冷酒中所喝不出的香甜，竟然可以如此柔軟地浸透在舌尖上。

而「剛開始探索日本酒時，最重要的就是不斷嘗試」。

由名為「時間」的傑出*藏人，所釀造出的「長期熟成酒」

有人說過「日本酒和老婆，都是年輕的好」，這可真是大錯特錯了！日本酒和葡萄酒一樣，也有需要陳放的「長期熟成酒」，它與新酒有著完全不同的魅力，尤其是滑順的口感與多層次交織而成的厚重深度。**如果用音樂來比喻的話，新酒就像是「獨奏」，而「長期熟成酒」則像是「名指揮家所率領的管弦樂團」**，能將各種風味融合在一起，直到喝下的瞬間在口中蔓延開來，最後凝聚出一個悠長的尾韻，是十分珍貴難得的日本酒，而這個味道只能靠「時間」釀製而成。

「長期熟成酒」通常是琥珀色的，這也讓一般認為「日本酒是無色透明」的人，在初見時可能會嚇一跳。但這絕對不是因為劣化或是人工調色所產生的，**而是歷經多年的時間陳釀，讓日本酒中所含有的糖分與胺基酸產生「梅納反應（羰胺反應）」所造成**。用比較簡單易懂的說法，就像是肉片經過燒烤後，表面會出現焦褐色，同樣的化學反應也會出現在日本酒中。所以味噌與醬油的褐色會隨著時間變深，也同樣是因為「梅納反應」的關係。

*「藏人」是指酒藏（釀酒廠）內與釀酒作業有關者的總稱。

「長期熟成酒」有時會出現像是堅果、焦糖醬或蜂蜜般的獨特香味，用比較好理解的方式說明，**「有點像是紹興酒的香氣」**。所以對於已經很熟悉日本酒的人來說，「長期熟成酒」可以說是最好親近的酒款；但是對於初心者而言，品飲的難度就有點高。不過沒關係，只要慢慢累積經驗，總有一天能了解這猶如大叔般深奧的滋味。

對於初心者來說，「長期熟成酒」可以說是理解日本酒的「最後一座堡壘」，所以常常有人說「如果能摸透『長期熟成酒』這位大叔，肯定能成為日本酒專家」。但是不需要因此著急，只要慢慢地花時間品飲，就能體會到「長期熟成酒」帶有些微苦澀的大人味魅力。

還想知道更多！

日本酒的精髓

1 日本酒還有其它種類

在此介紹一些「日本酒角色圖鑑」中沒有收錄的種類。如此一來，你也是「日本酒專家」囉！

冷卸酒（秋上）

大約從夏末開始，就會看到許多擺出「冷卸酒」小旗幟的販酒店家。這個「冷卸酒」，指的就是在春天新榨的酒，只經過一次「火入」，便貯藏起來度過整個夏天。所以，「冷」是指「生」（亦即沒有經過第二次「火入」）的意思，而「卸」則是「卸貨」，「冷卸酒」就用它語源字面上的意義來命名。經過一整季的貯藏，會產生圓潤的口感，那剛剛好的熟成度也正是它魅力所在。常作為秋季的風物詩被吟詠，所以各個酒藏也紛紛推出「冷卸酒」。

貴釀酒

名字看起來很有貴氣的「貴釀酒」，其實是在「三段式釀造」過程的最後程序（留添）中，改用「清酒」取代「水」來進行釀造，所以具有濃稠溫和的口感，而且喝起來帶甜味是其主要特徵。一般多拿來當成「甜點酒」享用，就如同葡萄酒中的「蘇玳葡萄酒（Sauternes）」。跟其它「長期熟成酒」一樣，加個香草冰淇淋一起品味也是種樂趣。

菩提酛

「菩提酛」比「生酛」出現的時間還要早，據傳在室町時代，源自於奈良縣菩提山的正曆寺，就已經確立了這種釀造酒母的傳統方法。其製作方法相當特別：①將生米放在水中浸泡，培養出能繁殖大量乳酸菌的「乳酸水」。②將生米取出進行蒸煮。③用①的乳酸水、②的蒸米以及麴來釀造酒母。④經過14～20天，酒母就完成了。「菩提酛」的酒質酸度偏高，雖然風味強烈，但十分清爽。

濁醪酛

「濁醪」經常被誤以為是「濁酒」，但「濁酒」會經過基本的「粗網目酒袋」過濾，而「濁醪」則是連過濾都沒有，單純只是經過發酵的酒醪。「濁醪」在過去，曾經是家家戶戶都能自由釀製的日本酒，但現在只有取得許可證的「酒醪特區」可釀造，例如岐阜縣的白川鄉，每年都會定期舉辦「濁醪祭」*。

* 「濁醪祭」，在華文地區多半被譯為「濁酒祭」。

2 酵母的好朋友們

雖說統稱為「酵母」，但不同的「酵母」其性格就像人類般複雜多變，而用其所釀製的日本酒，味道與香氣也會因不同的酵母，受到很大的影響。

在釀製日本酒時不可或缺的酵母，實際上有非常多種類，但一般大多採用日本釀造協會所頒布的「協會酵母」來製作。其中最古老的就是「6號」酵母，誕生於秋田縣的「新政酒造」，是一款具有耐寒性且發酵力很強的酵母；而「7號」酵母（長野縣・宮坂釀造）和「9號」酵母（熊本縣・熊本縣酒造研究所），則是以能釀製出「華麗香氣」而聞名，作為「吟釀用酵母」，這兩款都非常地活躍。

6、7、9號酵母

最近人氣最高的，則是能產生類似香蕉或蘋果香氣的「1801號」酵母，用這款酵母所釀製出的日本酒，在各地比賽中經常獲得優勝，所以不論是人氣與價格都較高。

此外，由東京農業大學「花酵母研究會」所提煉出的「花酵母」，跟字面上的意思一樣，是從花朵中所分離出的酵母菌種，有石竹、秋海棠、蔓薔薇等相當多種類。

「酵母」和人類一樣，有著各自不同的性格。雖然在任何環境下，都能培養繁殖下一代，但如果不細心照料的話，就可能會養出對釀酒風味有害的任性小孩。因此藏元（釀酒商的經營者）必須要仔細觀察出酵母的性格，再像對待自己小孩一般的讓它適性發展，以釀製出美味的日本酒。

人氣款

1801號酵母

淑女款

花酵母

2章

輕鬆自在的與日本酒相處

接著，第2杯要喝誰呢？
選我
選我
前情提要
誤闖一間不可思議的居酒屋，被一堆會說話的日本酒所包圍的兩人！接下來，會發生什麼事呢？
選我當第2杯也可以……
啊！肚子有點餓，要不要點什麼呢？
好喔！
沒有要繼續喝酒喔……
怎麼這樣……
我想吃烤雞肉串
玉子燒看起來也不錯
嘰哩呱啦
瞪
菜單

請等一下！
為了預防酒後不適，請將「油脂優先」的觀念放在心裡
正解
油脂優先
油脂……
優先……？
因為消化油脂比較花時間，先攝取油脂就可以延緩酒精通過胃部的時間
迅速通過
酒精
哎呀，被擋住了！
開心
酒精
油脂
這裡所說的油脂，不論是奶油或沙拉油都OK喔
才不會一下子就突然醉了

像義式生牛肉Carpaccio就很適合！
哇！看起來好好吃
還以為喝日本酒只能搭配日本料理，真新奇呢～～
上菜
接下來是這個！
哇～釀酒用水又出現了!?
咚咚
在喝酒空檔時所喝的水，就稱為「緩和水」
日本酒
基本上不兌水喝，
所以品飲的時候
記得要多喝水
補充水分喔！
原來是要緩和酒精之用啊！

是不是差不多該喝第2杯了呢……
咻
選我!?
快選
俺!?
快選
挑人家啦
我來試試辛口酒好了
太好了，男人就該這樣！
本釀造酒
那…我要選擇有果香的……
是我！
登場
純米大吟釀酒

原來日本酒的苦澀滋味是這樣啊……
我現在……好像有點帥氣，似乎看起來更有大人味了……
真好喝～！竟然有這麼好喝的日本酒……
嘩啦
好像又開始想吃點東西了
咕嚕咕嚕
我也是
有什麼小菜可以預防酒後不適的況狀嗎？

有的，像是起司！
因為富含脂質，所以比較不容易快速消化，也能用來穩定延緩酒精的吸收速度。
起司拼盤
在身體分解酒精時，會消耗大量的維他命Ｂ１，所以也要記得盡量補充攝取，才能預防第二天所產生的疲勞感。
鰻魚蛋捲
鰻魚！
蘆筍豬肉卷
豬肉！
炙燒鱈魚子
鱈魚子！
好吃！好吃！
感覺身體需求都被滿足了
呵呵呵
往後接 P.94 ！

寫給對日本酒還有些卻步的人

在第一章中已經介紹過許多關於日本酒的基礎知識，但對於部分初心者來說，還是會跟以前的我一樣，產生「就算是這樣，門檻還是很高啊」的疑慮。如同前面所說，在當年我求學的時代，大家常把日本酒拿來當成拚酒、罰酒的懲罰，我也常常一邊爛醉、一邊嘟囔著「夠了！如果這輩子不用再喝日本酒，那就太好了！」。加上當時正是沙瓦與雞尾酒流行的全盛時期，已經喝慣甜味酒的我，曾自認無法體會旨味細緻的日本酒。又加上「喝完日本酒會有嚴重酒後不適的症狀」、「日本酒都是拿來罰酒狂飲」的沉重心理陰影，直到脫離學生時代，出社會好幾年後，我都很少再接觸日本酒。

但現在的我，又重回日本酒的懷抱，原因其實十分單純，就是遇到了非常好喝的日本酒，讓我深感「如果是這樣的日本酒，品飲起來也完全沒問題」。尤其當時那令人驚豔的口感與水果香氣，我訝異著「米」竟然能釀出這種風味，等到察覺時，酒杯早已喝到見底。這是我第一次覺得日本酒「好喝」，也開啟了我對了解日本酒的興趣，更透過日本酒引發對各種食物及料理的探索，彷彿因此開啟了許多扇大門。**雖然我現在從事與日本酒相關的工作，但是當年的我，就跟初入日本酒大門的各位一樣，曾經覺得日本酒門檻很高、不容易入手。不過沒關係**，只要拿出一點勇氣，試著品嚐各種日本酒的風味，一定能輕鬆自在的與日本酒相處。

「聽說喝完日本酒，很容易酒後不適？」

不不不，只要留意一些小細節，酒後不適與宿醉的情況，其實並不常發生。

「日本酒好像很複雜？」

確實有些人會鑽研一些釀製工法或細節的事，例如那些高談闊論著「如果酵母如何如何的話……」的大叔們，但這已經是很久以前的事情了。比起討論日本酒的知識，其實「好喝」與「快樂」的心情更加重要，其它有的沒的，就等緣份到了再去理解吧！**所以在讀完這一篇後，請將對日本酒的所有不安都一掃而空！**

喝多少酒就喝多少水，輕鬆告別宿醉

「日本酒造組合中央會」長期推廣「緩和水」的概念，就是指在品飲日本酒時，也一邊喝下等量或更多的水，如此一來就不會產生宿醉或酒後不適的情況。而業界也推崇這套理論，現在只要是專業日本酒的店家，不待客人另外要求，理所當然會準備一杯「緩和水」給客人。換句話說，這也可以用來判斷這家店是否真的專業！

至於為什麼喝「緩和水」，可以降低宿醉發生的機率呢？這是因為補充水分，能有效稀釋體內血液中的酒精濃度，讓酒醉的發生速度變慢。且酒精有「利尿」的效果，多喝一點水也能預防酒後脫水發生。所以不僅在喝酒時，就算在喝酒之後，也要有意識的補充水分，以緩和過度飲酒後口乾舌燥的不適感。有些人習慣會喝加冰塊的冰水，但冰水會降低體內溫度導致新陳代謝變低，因此建議飲用不加冰塊的常溫水。此外，在喝酒時也可以藉由「緩和水」來刷新舌頭的味覺，所以當要變換酒款、品飲不同酒種時，「緩和水」也是一個重要的角色。

預防酒後
不適與宿醉
緩和酒精
的吸收速度
用一杯水
來刷新味覺
緩和水
預防
脫水狀況

避免酒後不適的秘訣…❷

「油脂優先」延緩酒精吸收

常聽人說「空腹喝酒易醉」，這理論完全正確，但原因是什麼，有親身做過實驗的人大概不太多。既然不能空腹喝酒，那應該先吃哪些東西會比較好呢？答案就是義式生牛肉Carpaccio、馬鈴薯沙拉等富含油脂的料理。「咦？一開始就吃這麼油的食物？」，它最主要的原理是，酒精喝下肚子後，會先經過胃再到小腸被吸收。而成年男性小腸的面積，幾乎等同一座網球場，也就是說，比起胃，小腸能更快吸收更多的酒精量。所以要避免宿醉或酒後不適，**關鍵就是要盡量延長酒精在胃中停留的時間，讓酒精能晚一點抵達小腸**，而相較於蔬菜或穀物等食物，**油脂能在胃中停留更長的時間，藉以延緩酒精進入小腸的速度**。或許有些人對於一開始就先吃富含油脂的料理，會感到有點困擾，但此時可以改用含有乳脂肪的起司來替代，經我親身實驗，效果非常明顯。而且無論在居酒屋或自己家裡，都是能輕鬆做到的小秘訣，今晚就立刻來嘗試看看吧？

食物在胃中停留時間比較表

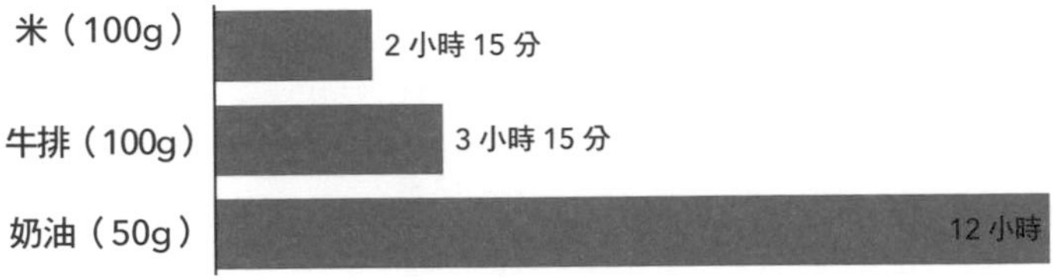
米（100g）
2 小時 15 分
牛排（100g）
3 小時 15 分
奶油（50g）
12 小時

富含油脂的代表性食物

起司拼盤
義式生牛肉 Carpaccio
馬鈴薯沙拉

避免酒後不適的秘訣…❸

用「蛋白質」來幫助肝臟分解代謝

「蛋白質」可以說是預防酒後不適的超級英雄，因為「蛋白質」在進入體內之後，**會在小腸中被消化、分解成「胺基酸」**，當「胺基酸」被吸收**運送到肝臟之後，就能幫助肝臟進行「解毒作用」與促進「酒精代謝」等重要任務**。

在此特別推薦「納豆」，由於「納豆」獨特的黏稠成分，能保護胃黏膜，所以在稍微喝過頭的隔天早晨，能緩和反胃或是不舒服的沉重感，其它像是雞肉、豬肉、牛肉及魚等動物性蛋白質也OK。若以居酒屋的菜單來說，相當推薦烤雞肉串、納豆歐姆蛋、鮪魚山藥泥、杏鮑菇豬肉捲等。

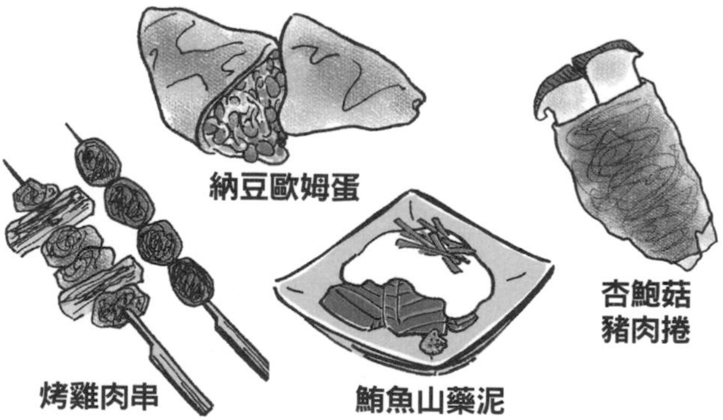

避免酒後不適的秘訣…④

「維生素B1」攝取不足，會招來酒後肥胖

充分攝取維生素B1，可以預防酒後身體不適的情況，還能讓減少體內糖分的殘留。這是因為**身體在分解酒精時，會消耗大量的維生素B1**，而**這些可以促進糖類代謝的維生素B1，正是身體產生能量時不可或缺的物質之一**。所以當維生素B1不足時，隔天早上的倦怠感會倍增。

我一直都徹底執行這個小秘訣，不只在點菜時會從料理中多方攝取維生素B1，在喝酒之後，也會補充含有維生素B1的營養品，也多虧如此，現在比起以前更不容易變胖了。若要以居酒屋的菜單來推薦的話，蒜苗炒豬肉、炙燒明太子、生火腿沙拉等料理，都是不錯的選擇。

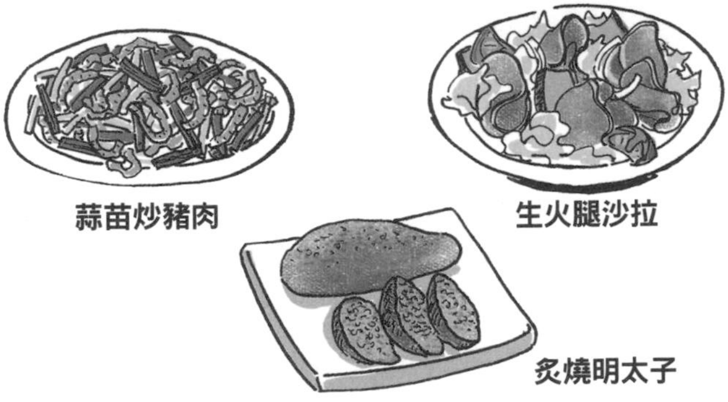

找到自己適合的品酒節奏

「日本酒」常常被認為容易引起「酒後不適」的狀況，但我覺得大部分的人，單純只是因為「覺得好喝，所以一不小心就喝過量了」，不一定是日本酒的錯。尤其日本酒的好喝，很容易讓人貪杯喝過頭，所以評估自己「適當的酒量」是很重要的。

究竟「適當的酒量」要怎麼評估呢？以日本厚生勞動省所發布的標準，用人體可負擔的純酒精含量20g來計算，換算酒精濃度約略等於日本酒的1合（180ml）。如果是跟我一樣，對於酒精耐受度比較高的人，或許會覺得「什麼！只有這樣而已？」，但肝臟需要分解掉20g的純酒精，其實比想像中還要花時間。根據WHO（世界衛生組織）的計算方式，體重60kg的成年男性分解20g純酒精，需花費約4小時，而體重較輕或對酒精耐受度較低的人，則需要花費更多時間來分解酒精，比像像中還要久呢！正因為如此，希望大家都能遵守自己喝酒的節奏，更要適時地補充水分，就算酒杯被倒滿也不要勉強喝完，並且不要只顧著喝酒，還要好好品嚐美味料理。就請依照自己的方式，慢慢掌握「舒服品飲的方法」吧！

各種酒的純酒精含量換算

以純酒精 20g 為基準（約等於）

日本酒（15 度）	180ml
啤酒（5 度）	500ml
燒酎（25 度）	110ml
葡萄酒（14 度）	180ml

體重 60kg 的成年男性
要分解 20g 純酒精的話……

前情提要
已經掌握「如何避免酒後不適」的這兩人。
接下來，又有什麼在等待他們呢……！？
嚼
嚼
嚼
好吃
好吃
啊～
！
泡湯真棒～
啊～♡
什麼時候出現泡澡桶的!?
ㄟ!?
…?
水……蒸氣……?
真舒服呢…

加熱後我們這些日本酒會更好喝喔！
你們也來一點吧？
……奇怪……怎麼覺得，純米酒妹的體型變得更……
咳咳
請喝請喝♡
滑嫩滑嫩
ㄟ……
那個……
Before
是不是比之前更加圓潤了……？
加熱後的日本酒，酒精味實在是太嗆了，所以……
不是因為客氣啦
可能是因為水蒸氣造成的吧……

真是常聽到這種誤解呢！
不論如何，就當作被騙的嘗試一次看看吧！
那…那…

只好…
咕嚕

奇怪……味道好像變得不一樣了!?
帶點甜味又很柔順的口感……很容易入口呢！
由於加熱後旨味變濃郁，所以口感會更明顯。
隨著溫度改變，日本酒的風味也會有所變化，再請多多嘗試吧！
飛切燗 55°C
熱燗 50°C
上燗 45°C
溫燗 40°C
人肌燗 35°C
日向燗 30°C

在家燗酒的方法①
這是只有在居酒屋才能體驗到的樂趣吧！
並不是這樣的，
用家中現有的器具，也能簡單做出燗酒喔！
使用器具
鍋子
德利酒器（清酒專用壺）
將酒倒入德利酒器
再將德利酒器放進鍋內，在鍋內注入約酒器半瓶高的水量

開火將水加熱到80℃左右
噗嚕噗嚕
煮水時，請先把德利酒器拿出來
熄火後，再將德利酒器放入鍋中隔水加溫
由於德利酒器的容量、素材各有不同，請放在熱水中2～3分鐘，並一邊觀察酒汁的狀況
當酒器中的酒汁因溫度升高，漸漸滿至瓶口附近時，
就表示OK了！請以此作為標準。
原來如此！真的只要用家裡現成的器具，就能輕鬆燗酒呢！
那麼，如果想要更講究的製作燗酒，也有專門燗酒的器具嗎？
當然有啊！

「酒燗器」是個相當便利的器具，雖然種類樣式繁多，但其中也有能輕鬆入手的基本款
好帥啊……！
想要……！
噗通
噗通
興奮
興奮
在家燗酒的方法②
一樣先將
常溫的日本酒，
倒入酒燗器
所附的德利酒器內
接著將沸騰的熱水，
倒進酒燗器的外壺中
熱水的分量，
請依照「酒燗器」
所附的說明書為準

將裝好日本酒的「德利」內壺，放入裝好熱水的酒燗器外壺中
泡到熱水的位置，請超過「德利」內壺中日本酒的高度，這樣才能預防加熱不均的狀況
只要耐心等待
用「酒燗計（日本酒的專用溫度計）」隨時確認溫度
大約2～3分鐘就可以了
一樣，在加熱後「德利」內壺的日本酒水位會升高
請注意！
由於「德利」內壺的日本酒在加溫時，上下層容易產生溫度差，所以可用筷子稍微攪勻一下
用鍋子加熱時，也一樣喔！

哇！溫度慢慢升高了
好厲害
等熟練一般的燗酒後，可以試著用錫或銅製的酒壺來試試看！不僅導熱效果很好，而且不容易冷卻，可讓人慢慢享受品飲日本酒的樂趣呢！
燙
小口
小口
呵呵
「燗酒」與「冷酒」的不同之處在於，「燗酒」最好小小杯的一口乾掉，比較不容易引發酒後不適，而這樣的喝法，可以說是「燗酒」的一種特色。

選我
接下來就喝我的熱燗款吧
俺的才美味
選我
那麼，有沒有不加熱比較好喝的日本酒呢？
嗯……
基本上，在日本酒中並沒有「不能這樣喝」的規則
※只有「氣泡清酒」這個種類是不建議加熱飲用的。

換句話說，把各種日本酒搭配不同的溫度來品嚐，或許在裡面就能找到自己喜歡的組合……
希望你們能享受這樣的過程
接著，該試試看哪一款呢？
嗯……
選我
俺啦
我才對
選我
葉石香織的小建議
建議
對初心者來說，請先從適合熱燗飲用的「純米酒」開始嘗試吧！
等喝慣之後，再來試著挑戰「純米大吟釀酒」、「生酒」或「濁酒」等不同的日本酒吧！

往後接 P.114 ！

熱飲：任何酒都可以試著「燗（加熱）」來喝

以前的人常會覺得純米酒或純米大吟釀酒等高級酒，「千萬不要拿來做成燗酒，不然很浪費」，但現在完全沒有這種偏見了。甚至開始有人將價格昂貴的純米大吟釀酒，以及濁酒或生酒等，也拿來「熱燗（加熱）」飲用，換句話說，**「燗酒」並沒有絕對的規則**。

所以每當入手一瓶日本酒時，可以拿少量來試著動手加熱看看，反覆嘗試不同的溫度後，就能感覺到這些酒款加熱後的差異，以及適合的溫度帶。以一般通則來說，精米步合的數值越高、味道越醇厚的純米酒，就是非常適合拿來「熱燗」飲用的酒款；此外像是以生酛或山廢酛等方式釀製的日本酒，也是「熱燗OK」的酒款。**因為這些酒款在處於溫熱狀態時，能突顯在常溫或低溫時所無法感覺到的旨味與甜味，並將其綻開釋放出來**。而且同一款酒在加熱後，不只是溫度改變而已，還能出現意想不到的口感變化，簡直就像是「被溫度施了魔法」，而這也正是燗酒最大的魅力。

世界上有著各式各樣的酒，但像日本酒一樣，能在各種不同溫度帶中享受不同風味的，極為罕見。一旦體驗過它的魅力，就算是在炎熱盛夏時，也會想要來杯熱燗過的日本酒⋯⋯沒錯，寫下這些文字的我，正是愛好者的其中之一。

燗酒的溫度區間

飛切燗

在拿取德利酒器（清酒專用壺）時，一定要用布包著以免燙傷。從高溫到慢慢冷卻的過程中，感受其味道變化也很有意思。

上燗

拿著酒器時，可以確實感受到酒器傳來的溫熱。在這個溫度區間，會將酸味較高的酒變得圓潤，成為溫和的口感。

溫燗

拿著酒器時，會稍微感受到酒器的溫度。在這個溫度區間，能更加突顯「米」的香味與旨味。

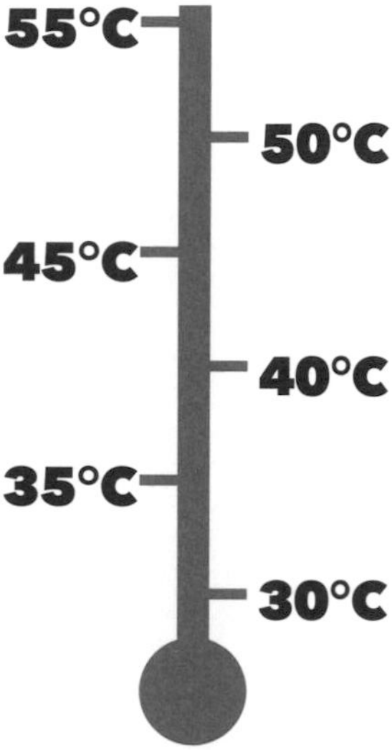

熱燗

倒酒時會冒出微微熱氣。在這個溫度區間，酒的味道輪廓會更顯銳利，口感也更加明顯。

人肌燗

與體溫相當的溫度區間，只要一入口就會覺得親近、熟悉。會強調酒的甜味與旨味，給人柔和的印象。

日向燗

比常溫稍高一些，給人質地溫和的印象。比起常溫，香氣更加明顯且順口。

特別推薦這些酒款

長期熟成酒

經過長時間醞釀而成的「長期熟成酒」，在熱燗加溫後甜度會增加，口感也會更為溫和。請在不同的溫度區間中，一面品嚐各種味道，一面找尋最適合的溫度。

純米酒

「純米酒」經過加溫後，會更加突顯出米的旨味。如果某些酒款的純米酒在冷飲時，會覺得「這個味道有點硬呢」，不妨就加熱試試看吧。

涼飲：冷酒的口感就是暢快

日本酒涼飲的優點，就在於「可凝聚日本酒風味的精華，且帶來暢快的清涼口感」。有些日本酒款在常溫飲用時，總會覺得有些甜膩，味道也有些發散、不夠厚實，這時，只要把這些帶有甜味的酒款改成涼飲，就會變成不可思議的滑順清爽，毫無負擔。其實大部分的酒款都能做成涼飲使用，又以精米步合數值小的「吟釀酒」尤為適合。

但涼飲可不是把所有的酒都冰起來就可以，只有氣泡清酒或本釀造酒等口感明快的類型，才適合冰到極冷。像是以果香魅力著稱的純米大吟釀酒，如果冰過頭，反而會讓香氣變得不明顯，因此只建議降溫到8～15℃，讓香氣可以在凝聚後散發出來即可；此外，如果想要引出日本酒中獨特的果實味與甜度，則建議讓溫度保持在20～25℃，隨時都可依照自己想要的口感，來改變日本酒涼飲的溫度。雖說如此，但「降溫」不像「加溫」一般，可輕易調整細微的溫差。所以請直接冰藏，等飲用時隨著回溫，尋找「對了！」的溫度區間即可。

冷酒的溫度區間

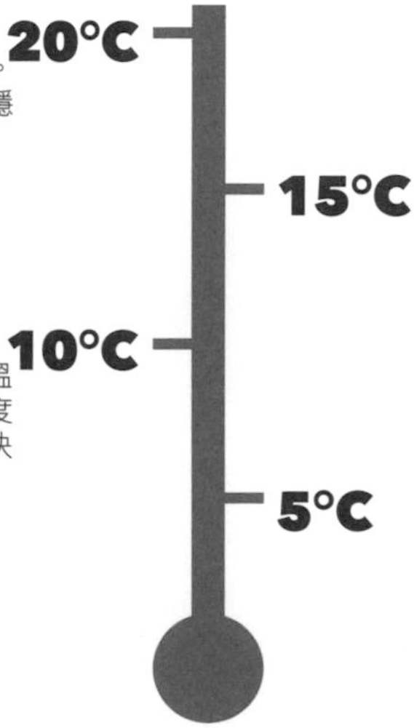

常溫（涼飲）

飲用時感覺到有些涼。在微涼的狀態下，能隱約感覺到香氣。

涼冷

從冰箱取出後，當瓶身開始冒水滴時的溫度。

花冷

剛從冰箱取出時的溫度。適合讓辛口或酸度偏高的酒，可感受明快口感時的適飲溫度。

雪冷

也就是極冷的狀態。適合想要喝到爽口暢快的口感時。

特別推薦這些酒款

氣泡清酒

可以強化氣泡噗嗞噗嗞滑入喉中的暢快感。且冰飲後的氣泡清酒能抑制甜味，創造出清爽的風味。

「吟釀」類的酒

酒名中帶有「吟釀」字樣的酒款。冷飲時能凝聚日本酒風味的精華，如想要引出香氣，可待溫度回高一些再飲用。

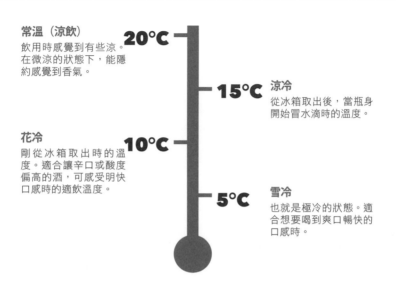

日本酒和葡萄酒的差異

有何不同？

不知道你是不是有過一邊吃著鯡魚卵，一邊喝著白酒或香檳的經驗？如果你曾經歷過這種搭配，恐怕已經瞬間回憶起那讓人皺眉的腥臭味了。是的，這個回憶也強烈的烙印在我腦海裡。其實無論是葡萄酒或鯡魚卵，在分開品嚐時都十分迷人，但是當兩者合在一起食用時，美味就大打折扣了！換句話說，就是這兩者的搭配，出現了「美味相互抵銷」這種不可思議的現象。

深究其原因，是因為葡萄酒中含有「二價鐵離子」，而「二價鐵離子」會加速魚卵中「脂質」的氧化酸敗，以至於腥味被突顯出來。為此徹底追查成因的Ｍｅｒｃｉａｎ製酒公司，甚至還特別開發出不會產生腥臭味的低鐵葡萄酒，讓人十分驚訝。

為什麼？葡萄酒 × 魚卵的腥臭味！

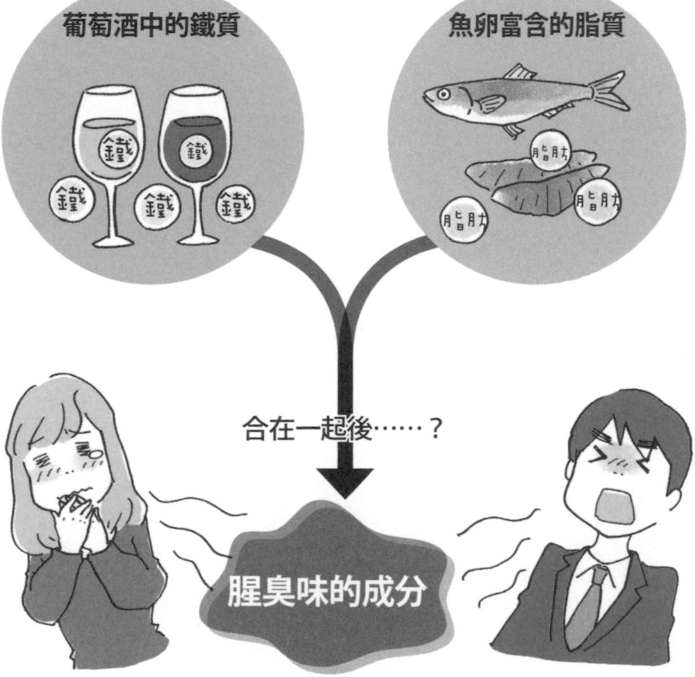

葡萄酒中的鐵質
鐵
魚卵富含的脂質
脂肪
合在一起後……？
腥臭味的成分

從口中進入，再從鼻腔中逸散
因此產生了腥臭味！

＊ 此圖表說明係參考 Mercian 製酒公司所研究、技術開發的發表成果〈魚貝類與葡萄酒的組合，會產生腥臭「氣味」〉為依據所製作。

那為什麼日本酒和魚卵的組合不會產生腥臭味呢？這是因為日本酒中含有「胺基酸」，可有效抑制魚卵中脂質的酸化，被稱為遮蔽效應。而「促進酸化」與「抑制酸化」，就成了搭配魚卵料理時，葡萄酒和日本酒出現完全相反情況的關鍵因素。有興趣的人或許可以親身體驗嘗試看看，一定能馬上明白其中的差異。雖然葡萄酒也能產生些許遮蔽效果，但說起連富含脂質的魚卵都可遮蔽的日本酒，在這一回合取得壓倒性的勝利也不為過。

此外，日本酒的適飲溫度有相當寬廣的區間，不論在常溫、涼飲或是熱燗後飲用，在日常生活中的表現與搭配料理，都非常值得期待。雖然葡萄酒也能拿來做成熱紅酒，但通常僅限於冬季或聖誕節等特殊節慶才適合。

並不是說葡萄酒與日本酒非要爭出一個高下，而是進一步了解雙方的優缺點與特質，才能搭配出更好的組合。

日本酒的特色

豐富的胺基酸

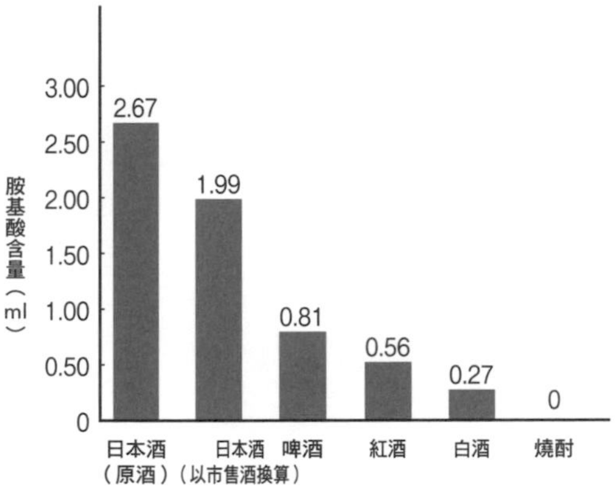

日本酒中的胺基酸含量是白酒的 10 倍！而胺基酸具有強力的遮蔽效果，所以也常被應用在美容上，對於改善肌膚或美白等都有成效。

※ 表格中所引用的數據，是參考「福光屋」所分析的結論（所以關於日本酒的部分，也是以「福光屋」的商品和其它市售商品來做比較，因此隨著商品不同可能會有所差異）

適用的溫度區間非常寬廣，可自由搭配各式料理

日本酒不僅能品嚐冰酒的樂趣，同時也能來杯熱騰騰的「飛切**燗**」。這令人驚豔的寬廣適飲溫度，與世界中任何酒類相比都是最頂尖的。

去除腥臭味的遮蔽力

不僅可搭配魚卵，就連生牡蠣、*熟壽司及豆腐餻等口味特殊的佳餚都沒問題。無論多麼強烈的味道，日本酒都具有緩和的力量。

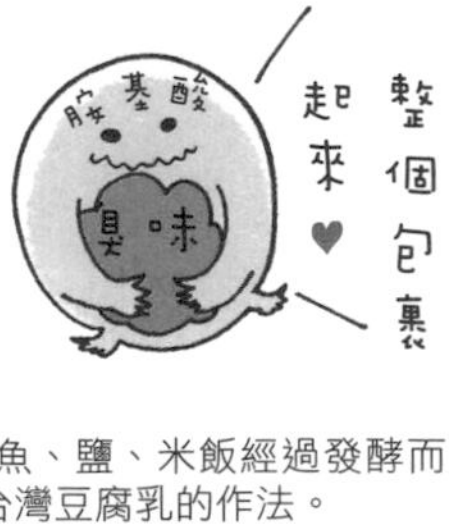

* 「熟壽司」的「熟」是指熟成之意，是將魚、鹽、米飯經過發酵而成的料理。而「豆腐餻」則是沖繩特產，類似台灣豆腐乳的作法。

3章

用餐酒搭配與日本酒成為好朋友

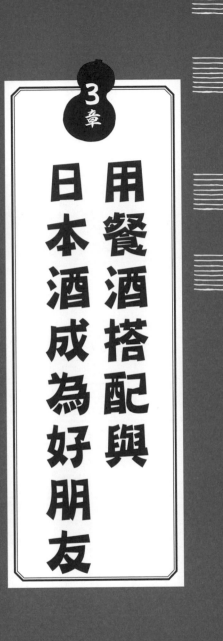

前情提要
已經掌握了「燗酒」喝法的兩人。
接下來終於要迎接日本酒的奧義登場……！？
是不是又覺得有點餓了呢？
好像是ㄟ……
我想要吃生魚片
那我來點個肉豆腐好了
菜單
那接下來該喝那一種酒呢？
我試著來挑戰「純米酒」好了
那我就來嘗試清爽的「本釀造酒」吧！
葉石香織小姐！麻煩請給我們生魚片與純米酒，以及肉豆腐與本釀造酒。

讓您久等了！
生魚片和
本釀造酒
肉豆腐和
純米酒
好快！
那個……
這兩個組合
剛好相反了……
不不不……
就這樣！
堅決

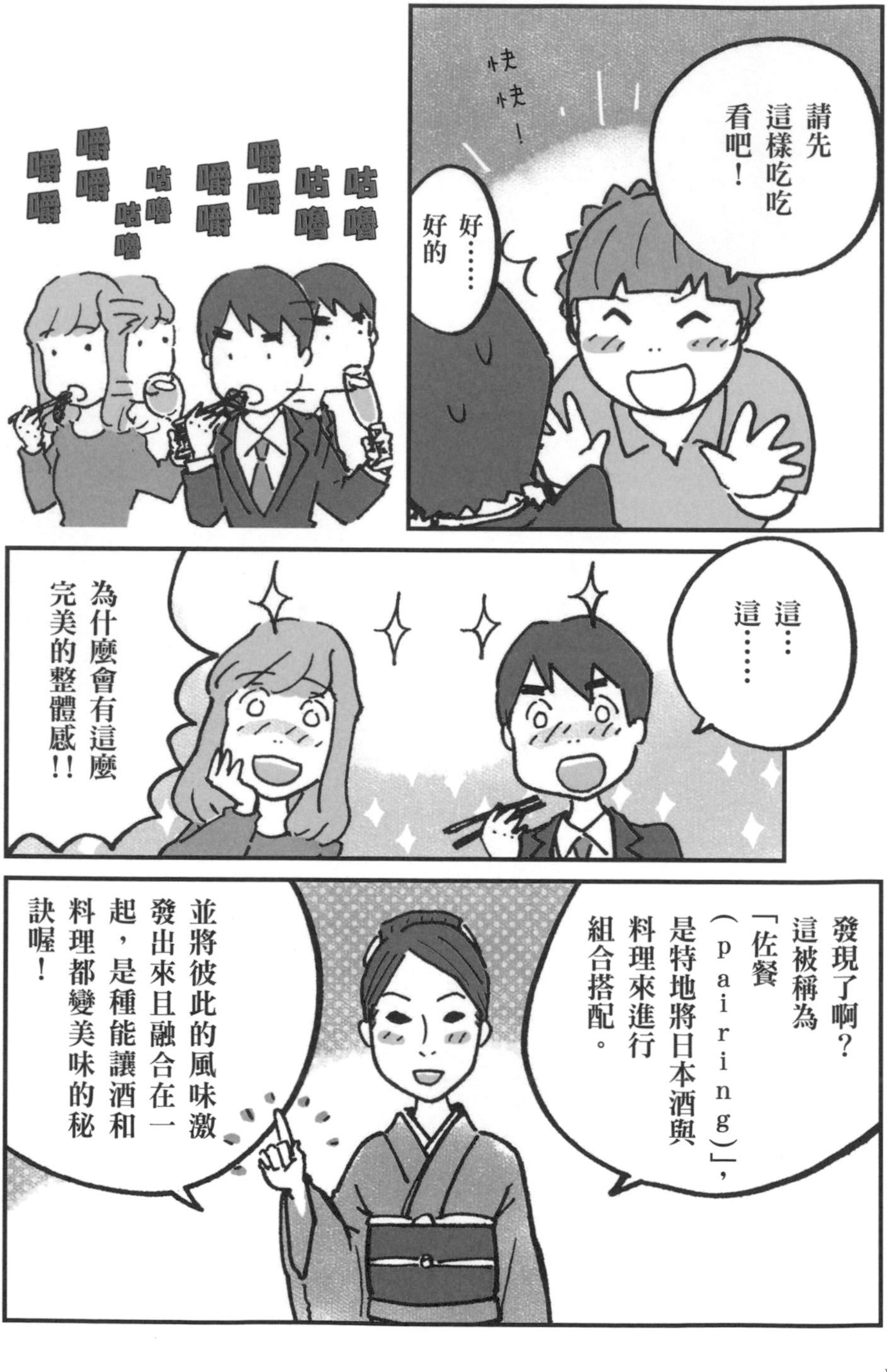

請先這樣吃吃看吧！
快快！
好……好的
咕嚕
咕嚕
嚼嚼
嚼嚼
咕嚕
咕嚕
嚼嚼
嚼嚼
這……這……
為什麼會有這麼完美的整體感!!
發現了啊？這被稱為「佐餐（pairing）」，是特地將日本酒與料理來進行組合搭配。
並將彼此的風味激發出來且融合在一起，是種能讓酒和料理都變美味的秘訣喔！

你們都有玩過蹺蹺板吧？
有是有，但已經是很久以前了……
「佐餐」的原理就像蹺蹺板一樣，如果是兩個體重差不多的人一起玩，就能在蹺蹺板取得平衡對吧!?
同樣道理，只要配合味道的濃淡，就能在味覺上取得平衡喔！
純米酒
哎呀？
生魚片
清爽
厚重
哇！
肉豆腐
厚重
厚重
原……原來如此啊！
以前完全沒想過這些……
其它也是嗎？
例如熱的料理就搭配溫熱的酒
咕嚕咕嚕
如此一來，酒與料理的溫度區間也能相互搭配

含有「酒粕」的酒，適合搭配勾芡的料理
勾芡過的中華料理
濁酒
在口感上也很相配
其它還有像是這樣的組合
還有各式各樣的佐餐方法，詳細內容請從122頁開始閱讀！
創意日本酒
醃漬鮭魚
生牡蠣
焗烤
濁酒

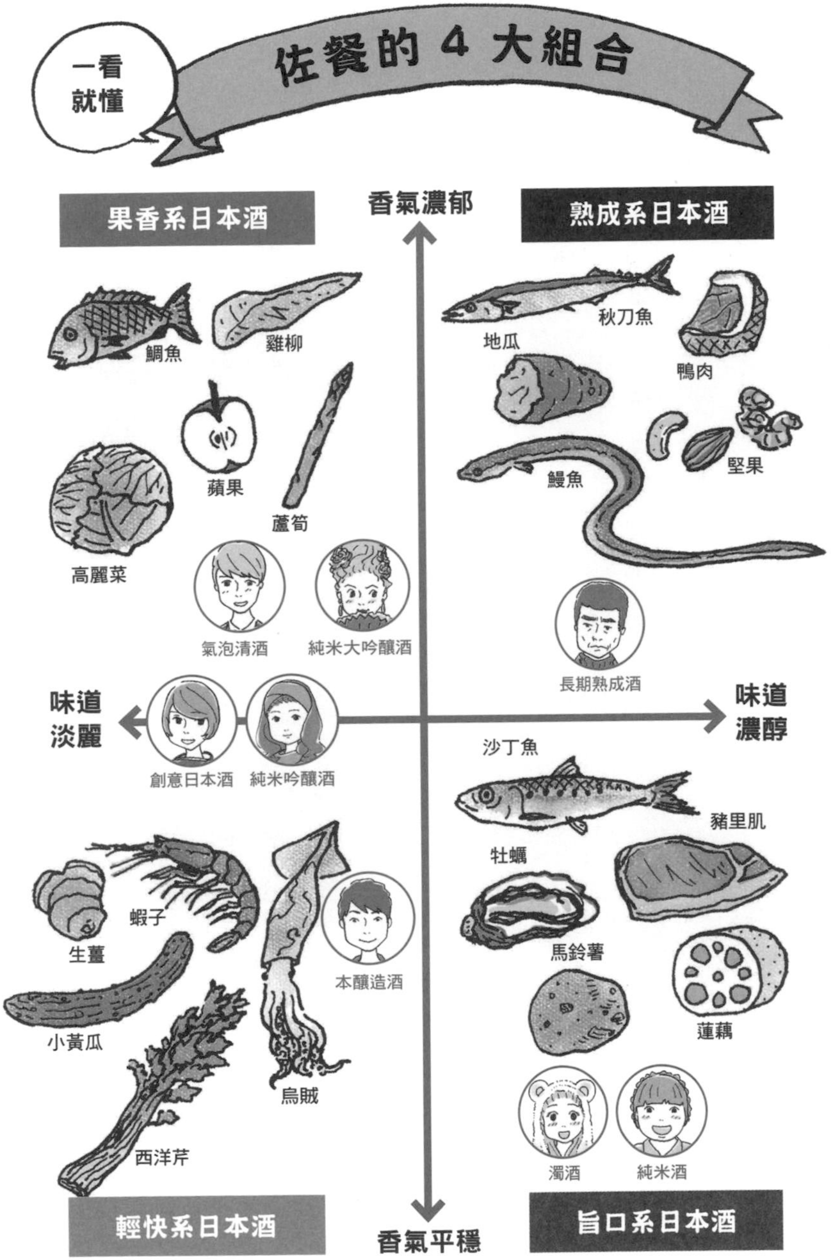
一看
就懂
佐餐的 4 大組合
果香系日本酒
香氣濃郁
熟成系日本酒
鯛魚
雞柳
秋刀魚
地瓜
鴨肉
蘋果
蘆筍
高麗菜
鰻魚
堅果
氣泡清酒
純米大吟釀酒
長期熟成酒
味道
淡麗
創意日本酒
純米吟釀酒
味道
濃醇
沙丁魚
豬里肌
牡蠣
蝦子
生薑
本釀造酒
馬鈴薯
小黃瓜
蓮藕
烏賊
西洋芹
濁酒
純米酒
輕快系日本酒
香氣平穩
旨口系日本酒

關於日本酒「佐餐」的黃金原則

大家是否曾聽過「佐餐（pairing）」這個詞呢？

所謂的「佐餐」，是指藉由料理與飲品（酒款）搭配，一起創造出和諧的美味。當雙方組合在一起時，會產生加乘作用，讓料理與酒都能變得更加美味可口。意思約略等同於法文中的*「mariage」，而「mariage」也包括了「透過料理與酒的搭配，而產生出的第三種風味」。現在於用餐時選擇「佐餐酒」，已經變成一種流行，或許是因為不像過去門檻這麼高，一般人在用餐時也能輕鬆的享用，而被大眾廣為接受。

一般來說，佐餐搭配的日本酒款，會依循幾個主要的前提，如「依據料理味道的濃淡來挑選」，味道重的料理就搭配味道厚實的「純米酒」；味道清淡的料理，則搭配口感輕快、淡麗辛口的「本釀造酒」。舉個具體的配對實例來說明，例如：壽喜燒與純米酒、*白身魚的生魚片和本釀造酒。後者的組合比較容易理解，但前者選飲了味道濃厚的「純米酒」，一般人可能會產生這樣的疑問：「壽喜燒的口感這麼甜，應

* 「mariage」，法文原意為「結婚」，這裡是指味道雖然不同，但在一起品嚐時會互相拉抬產生新風味。
* 「白身魚」，肉色接近白色的魚種。

＼ 佐餐的蹺蹺板法則 ／

搭配「酒與料理」的濃淡滋味

和諧的狀況……

味道取得平衡

不和諧的狀況……

味道失去平衡

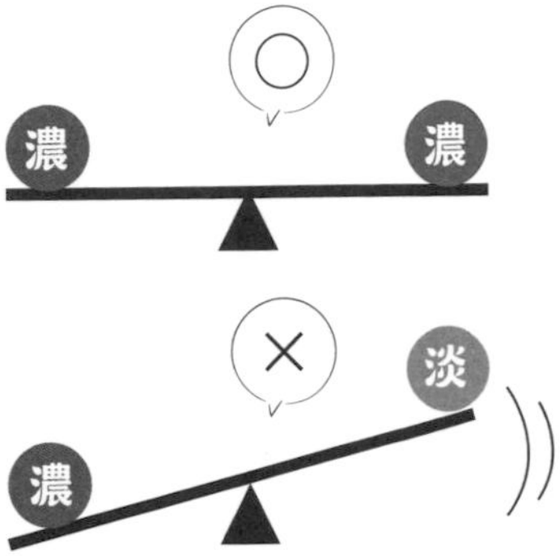

該要搭配像本釀造酒般比較清爽的酒款才對吧？」，但這樣的想法恐怕會出現問題，因為壽喜燒搭配本釀造酒類的酒款，或許在剛開始飲用時，會覺得還不錯。但隨著用餐的時間拉長，壽喜燒的味道也會越來越濃，導致酒的味道被蓋過，讓用餐的人漸漸停下杯子不想再喝。但如果搭配味道厚實的「純米酒」，不僅讓人筷子停不下來，也會忍不住想多喝幾杯，讓充滿樂趣的用餐時光可以延長餘韻。就像是平衡的蹺蹺板一般，當酒與料理的搭配能取得平衡時，就能在味覺上創造出理想的整體感，我將此稱為**「佐餐的蹺蹺板法則」**。

只要以此為基礎，再考慮酒款的香味、適飲的溫度及製作方法等細節精髓，就能讓「佐餐」搭配的完成度更高，也能讓用來「佐餐」的日本酒，被用餐者更愉快的享用。馬上就來發現「佐餐」日本酒的優點吧！

提高「佐餐」完成度的要點

瞭解了「佐餐」的基本原則，是「依據料理味道的濃淡來挑選」之後，接著我們可以試著挖掘更多詳細的日本酒「佐餐」技巧。首先可以從日本酒的「香氣」開始，在佐餐時，依據日本酒所特有的各種香氣來與料理做搭配，讓用餐的整體感提升。接著是日本酒的「釀製方法」，日本酒與醬油或起司等食物有一個關鍵的共通點，就是都屬於「發酵食品」，所以令人意外的，日本酒搭配起司的組合，與紅酒相比也毫不遜色。

搭配料理與佐餐酒的「溫度區間」，也是佐餐的一大重點，例如冷盤料理就搭配冷酒；而像炸物等經油炸或重油烹調的料理，也要考慮與佐餐酒的「親和性」，就像是熱水比起冷水，有更強力的去油效果，所以在吃油炸或重油料理時，搭配經「熱燗」的日本酒，會去除油膩感，讓口中保持清爽，也能因此多喝幾杯。此外，酒體的質地輕重也能作為「佐餐」的指標，像是帶有酒麴的濁酒類，就適合搭配勾芡類的料理。

在下一頁的7項「佐餐」準則中，第1～5項是以「和諧」為主要技巧，第6項則是要借重日本酒的遮蔽效應來去腥提味。而無論在任何情況下，確實品嘗日本酒，挖掘其特性，都是非常重要的，這是第7項想要告訴大家的事。

「佐餐」的 7 項重要準則

1 味道濃淡的搭配組合

「佐餐」的基礎。味道較濃的料理就搭配風味厚重的酒，味道清淡的料理則可與清爽滑順的酒一起享用，如此一來就能創造出佐餐的整體感。

2 香氣元素的搭配組合

將日本酒中所含有的蘋果或桃子等香氣，與料理的食材進行搭配。

3 製作方法的搭配組合

日本酒是發酵食品。所以搭配味噌、醬油及起司等發酵食品時，絕對零失誤！

4 溫度區間的搭配組合

配合料理的溫度區間，先找到該溫度區間最適飲的日本酒。使用油炸或重油烹調的料理時，則要使用提高「親和性」的技巧。

5 酒體質地的搭配組合

帶有酒醪的日本酒，適合搭配勾芡類的料理，當兩者的質地一致時，會增強整體感。

6 幫助魚或肉類料理去腥提味

日本酒可以產生遮蔽效應。在魚、肉或海鮮料理中搭配日本酒，就能讓此效果倍增。

7 確實的品嚐感受

確實品嚐，了解酒款的種類與特色，就能提高日本酒「佐餐」的完整度。

果香系日本酒

誘人的甜美香氣與水果滋味

香氣
●香蕉
●麝香葡萄
●蘋果
風味
●帶有甜味
●果汁
●果香
●清爽
我們有些喝起來也很輕快喔！
純米大吟釀酒
氣泡清酒
純米吟釀酒
創意日本酒

「果香系日本酒」的魅力就如同名稱一樣，甘甜的果汁滋味，能讓人聯想到新鮮的各式果物！其中包括了精米步合數值小的**純米大吟釀酒**或各種**氣泡清酒**與**純米吟釀酒**、**創意日本酒**等。

這一系酒款的香氣餘韻綿長，在喝下的瞬間，會有撲鼻的果香氣息，是四系酒款中，非常容易分辨的類別。

此類酒款**適合搭配的料理食材，簡單來說就是「新鮮水果」**。但是一提到水果，一般人會有強烈的印象，以為只有「甜點」才會使用水果來當作食材，不過若以「帶有甜味的食材」來思考，料理的範圍就會一口氣擴大許多。

適合與果香系日本酒搭配的食材

蔬菜
- 蘆筍
- 花椰菜
- 玉米
- 番茄
- 高麗菜

肉類
- 雞胸肉
- 雞柳
- 生火腿

乳製品
- 莫札瑞拉起司
- 茅屋起司

水果
- 奇異果
- 草莓
- 芒果
- 葡萄
- 桃子

魚貝類
- 鯛魚
- 鱈魚

調味料
- EV（冷壓初榨）橄欖油
- 酒醋
- 高湯醬油
- 白芝麻油

這些帶有水果香氣的日本酒款，在與料理的食材相互搭配時，會提升佐餐的整體感。例如：帶有「麝香葡萄」香氣的日本酒，可以搭配使用了生薑的「法式醃漬葡萄（marinade）」；而帶有「桃子」香氣的日本酒，則可搭配「蜜桃卡布里沙拉」。尤其有些水果很適合拿來做成沙拉或醃漬醬汁，只要再加上一點甜椒或白身魚，就能將其變化為一道帶有華麗感的料理，你也可以輕鬆嘗試！

只要是簡單的食材與烹調方式，都十分適合這一系列的酒款。例如蒸煮料理，就比炸物來得速配，清爽的鹽巴調味，也比濃稠醬汁要來得對味。「果香系」日本酒的佐餐秘訣，就在於襯托「單一主角」，為了讓「果香系」日本酒能展現最大程度的魅力，請不要搭配味道太過強烈或太複雜的料理。

果香系日本酒

佐餐料理好點子

果香系日本酒也適合搭配華麗的料理喔！

以芬芳香氣自豪的「果香系日本酒」，最適合與新鮮水果或本身就帶有甜味的食材，做成佐餐搭配。

無花果生火腿卷

料理製作完成後，淋上冷壓初榨橄欖油，再撒上粗磨黑胡椒粉。

果香系日本酒與高級的冷壓初榨橄欖油非常搭～

法式醃漬葡萄(marinade)

將鹽、冷壓初榨橄欖油及醋（各1小匙）混合調製成醃漬醬汁再淋上食材。

使用可連皮一起吃的「亞歷山大麝香葡萄（Muscat of Alexandria）」或「晴王麝香葡萄（Shine Muscat）」等葡萄品種，點綴一些生薑絲，再淋上法式醃漬醬。

蜜桃卡布里沙拉

佐餐的日本酒請務必使用葡萄酒杯來品嚐！
簡單地淋上冷壓初榨橄欖油

如果沒有莫札瑞拉起司，
可使用鹽漬過的豆腐來取代。

與鯛魚的甜味十分搭配。

義式鯛魚 Carpaccio

「果香系日本酒」的經典組合。
可加入一些切碎的番茄末，
增加料理色彩的繽紛度。

輕快系日本酒

口感暢快喉韻清爽

香氣
●柳橙
●檸檬
●柚子
●香草
風味
●恰到好處的酸味
●爽口無負擔
●清爽
●清透
我們有些也帶有果香喔！
本釀造酒
純米吟釀酒
創意日本酒

自古以來，常用來形容日本酒的**「淡麗辛口」**，所說的正是指此類型日本酒，尤其是相對於「純米酒」的**「本釀造酒」**。而有些著名的日本酒品牌，如產於新潟地區的「上善如水」或「越乃寒梅」等，更是「輕快系日本酒」中的代表選手。

這類酒的特色是**餘韻短**，沒有糾纏不清的口感，入口暢快清爽與清透的滋味更是主要特徵。它們也具有蒔蘿、迷迭香、百里香等香草，或是檸檬、柚子之類的柑橘系水果等特有的沉穩香氣，加上礦物質，會帶來清涼的氣息。

「輕快系日本酒」所**適合搭配的料理是生魚片及涼拌菜等，而搭配自古傳承至今的「純和食」**

適合與輕快系日本酒搭配的食材

蔬菜＆香味野菜
- 小黃瓜
- 豆芽菜
- 白菜
- 西洋芹
- 生薑
- 茗荷
- 銀杏

香草類
- 小茴香
- 蒔蘿
- 百里香

肉類
- 雞胸肉
- 雞柳

魚貝類
- 烏賊
- 海鰻
- 沙丁魚
- 章魚
- 蝦子

乳製品
- 優格

調味料
- 鹽
- 日式白高湯
- 醋
- 柚子胡椒
- 芥末
- 山葵
- 高湯醬油
- 煎酒

也十分對味。與「果香系日本酒」的佐餐料理比起來，味道更加單純、烹調方法更為簡單的料理，特別適合「輕快系日本酒」，因為它的香氣沉穩，可以用來襯托不過於強烈主張本身風味的食材或料理。所以品嚐「和食」時，如果不知道該怎麼挑選日本酒，選「輕快系日本酒」準沒錯！

用「輕快系日本酒」佐餐時，如果品嚐生魚片，可選用鹽、高湯醬油或煎酒（以日本酒、柴魚片、昆布、梅乾製作而成的調味料）等當作沾醬，會比使用醬油在口感上更為溫和，且料理與日本酒的整體性也會更高。而「調味料」是佐餐搭配中很重要的元素之一。為了讓食材與酒的濃淡滋味能互相配合，把調味料也一起考慮進去，有助於大幅提升佐餐搭配的完整度。

輕快系日本酒

佐餐料理好點子

簡單風格的料理就是最佳選擇！

「輕快系日本酒」所適合的料理，就是連醬汁與辛香料都不添加的簡單料理。不過為了搭配日本酒的清爽口感，可以加入適量的香草來提味。

炒銀杏

熱炒過的銀杏，撒上少許鹽來調味。

簡單
就是最棒的！

請一定要
搭配鹽或高湯醬油
來品嚐看看！

烏賊生魚片

「輕快系日本酒」與本身蘊含甜味的烏賊、蝦子等食材都很搭。

涮鱧（鱧魚火鍋）

由於鍋物屬於熱食，所以請搭配溫熱後的日本酒！

京都代表鍋物的經典款。清淡的口感與「輕快系日本酒」最搭了。

冷飲日本酒時，請試著使用葡萄酒杯來喝喝看。

香草麵包粉焗蝦

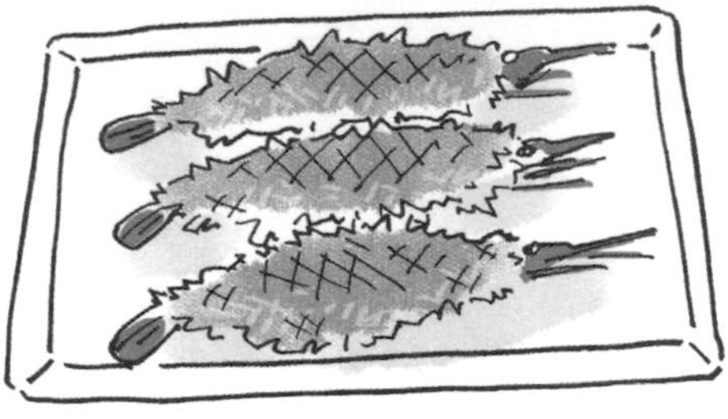

可依個人喜好使用百里香、小茴香等香草

百里香
小茴香

創意日本酒特有的酸味，
與魚貝類的食材也很搭！

旨口系日本酒

讓酒米的甜味與旨味滿溢出來

「旨口系日本酒」的特色，就是充滿酒米的甘甜味與旨味，而相對於「本釀造酒」來說，**「純米酒」**或**「濁酒」**厚重的酒體也充滿魅力，包括採用「生酛」或「山廢酛」等技術所釀造而成的日本酒，通常也被劃分為「旨口系日本酒」。

「旨口系日本酒」的**餘韻稍長**。品飲時，口中會留下宛如咀嚼米飯後的米香甘甜滋味，而這毫無造作的沉穩香氣，會讓人聯想到剛煮好的熱騰騰米飯或品質極佳的乳製品，讓舌尖上的懷念之情也油然而生。

「旨口系日本酒」在佐餐時，可搭配

*「金平」：一種日式料理的烹調手法，通常是拌炒切成絲的根莖類蔬菜，並使用醬油、味醂、麻油等調味料來調味。

適合與旨口系日本酒搭配的食材

蔬菜

- 洋蔥
- 紅蘿蔔
- 蓮藕
- 馬鈴薯
- 牛蒡
- 白蘿蔔
- 大蒜
- 舞茸菇
- 香菇

肉類

- 豬里肌
- 牛後腿肉
- 雞腿
- 培根
- 香腸

魚貝類

- 竹筴魚
- 沙丁魚
- 鰤魚
- 牡蠣
- 鮭魚卵

乳製品

- 米莫雷特起司（Mimolette）
- 卡門貝爾乾酪（Camembert cheese）
- 奶油乳酪
- 帕馬森乾酪

調味料

- 醬油
- 味噌
- 美乃滋
- 濃醬汁
- 芝麻油

的料理溫度區間相當廣，如與炸雞、串炸等各種炸物，或雞腿肉、雞翅等富含脂肪的肉品，以及起司都非常搭，這種百搭的風格，也只有「旨口系日本酒」才能做到。

其它像是 ***金平、壽喜燒等口味較濃郁的料理**，或與重調味如醬油、味噌、美乃滋等料理，也十分對味，尤其是油炸、燉煮等調理方式，比起突顯食材原味的簡單料理，更能襯托「旨口系日本酒」的醇厚風味。

由於**經過加溫後的燗酒，能大幅度地提升日本酒中的旨味和甜味**，所以不妨試著用酒來搭配口味濃郁厚重的料理。而挑戰不同溫度區間與佐餐搭配組合，也能創造出各式各樣的變化。

旨口系日本酒

佐餐料理好點子

用口味豐富的料理，來搭配濃醇的旨味

將酒米旨味濃縮起來的「旨口系日本酒」，適合味道濃郁的佐餐料理，尤其與起司料理更是絕配！

照燒雞腿

「旨口系日本酒」與辣辣甜甜的照燒口味超級搭，不禁讓人一杯接著一杯。

油漬牡蠣

牛奶牡蠣的旨味，
也能透過這種料理方式來完美呈現。

以蠔油清炒牡蠣，再放入大蒜、月桂葉、冷壓初榨橄欖油來一起醃漬。

味噌醃奶油起司塊
搭配燗酒也很美味！

濁酒帶有酒醪，
與味道濃郁的料理非常搭。
也可以配合酒本身的濃醇度來選擇料理。

鰤魚燉蘿蔔
加入滿滿的薑絲一起享用

經典款！完全不用思考，
就能給出「GOOD」評價的絕妙組合。

熟成系日本酒

以時間交織出層次繁複的香氣與味道

香氣
● 杏仁
● 胡桃
● 水果乾

風味
● 豐富
● 厚實感
● 濃厚
● 層次繁複

「熟成系日本酒」的主要特色，**在於深邃的酒色與層次繁複的香氣**，因為日本酒中所含有的胺基酸及糖分，在時間的推移後會產生化學變化，使其散發出如同「紹興酒」般的色澤與香氣，並陳釀出難以形容的複雜滋味，而這就是所謂的「梅納反應（見70頁）」。這種變化無論科技再怎麼發達，也無法透過人的雙手來觸發，是專屬於「時間」的神奇魔法。

「熟成系日本酒」的餘韻綿長。而極具個性的強烈滋味，讓許多人在剛開始品嚐日本酒時，對它敬而遠之，但等到喝慣之後，又變得非它莫屬。「熟成系日本酒」不僅可當成佐餐酒，就連

適合與熟成系日本酒搭配的食材

蔬菜
- 蕃薯
- 南瓜
- 芋頭

肉類
- 鴨肉
- 鹿肉
- 羔羊肉
- 豬五花
- 牛里肌

乳製品
- 藍紋乳酪
- 奶油乳酪

乾貨
- 水果乾
- 堅果
- 乾香菇

魚貝類
- 秋刀魚
- 竹筴魚乾
- 鯖魚
- 鰻魚
- 乾魷魚

調味料
- 義大利香醋
- 蠔油
- 魚露
- 奶油
- 椰子油

餐後飲用也很受歡迎。其濃厚繁複的風味，適合搭配熟壽司、藍紋乳酪、豆腐餻等口味特殊的佳餚，並且與羔羊肉、鹿肉、鴨肉等個性派的山產也都很搭。

此外，有些使用義大利香醋、魚露等**經過熟成而製作出的調味料，或是熟成的肉品等，只要含有「熟成」關鍵字的大部分食材與料理，與「熟成系日本酒」一起搭配，都能讓佐餐的完成度再升級！**其它像是果乾、乾貨等需要經過時間封存旨味的食材，也非常適合。

「熟成系日本酒」就連與甜點都能碰撞出火花！例如：「熟成酒」與「香草冰淇淋」，將香草冰淇淋放進熟成酒中，會成為大人味的點心；而加熱過後的燗酒淋在香草冰淇淋上，則能享受阿芙佳朵（Affogato）的甜點風味。不要受限於這些點子，多元的嘗試各式各樣組合吧！

熟成系日本酒

佐餐料理好點子

與獨具風格的料理搭配起來很是對味

「熟成系日本酒」與像是「*鹽辛」、「*酒盜」等口味獨特的小菜，以及藍紋乳酪等風味獨特的食材，甚至是中華料理，都能產生讓人驚豔的速配感。

鰻魚壽喜燒

材料包含蒲燒鰻魚、洋蔥、麵麩、蒟蒻絲等

鰻魚版的壽喜燒

和風辣肉醬

放入「*八丁味噌」作為和風辣肉醬的醍醐味。
可搭配大蒜麵包一起享用。

混合的絞肉、三色豆與罐頭番茄一起燉煮而成的美式料理。

* 「鹽辛」是將魚貝類的肉、內臟或卵等經過食鹽醃漬、發酵後的醃漬料理。
* 「酒盜」是使用海參腸、魚內臟等，加上食鹽醃漬而成的特色下酒小菜。
* 「八丁味噌」是日本名古屋的名產。

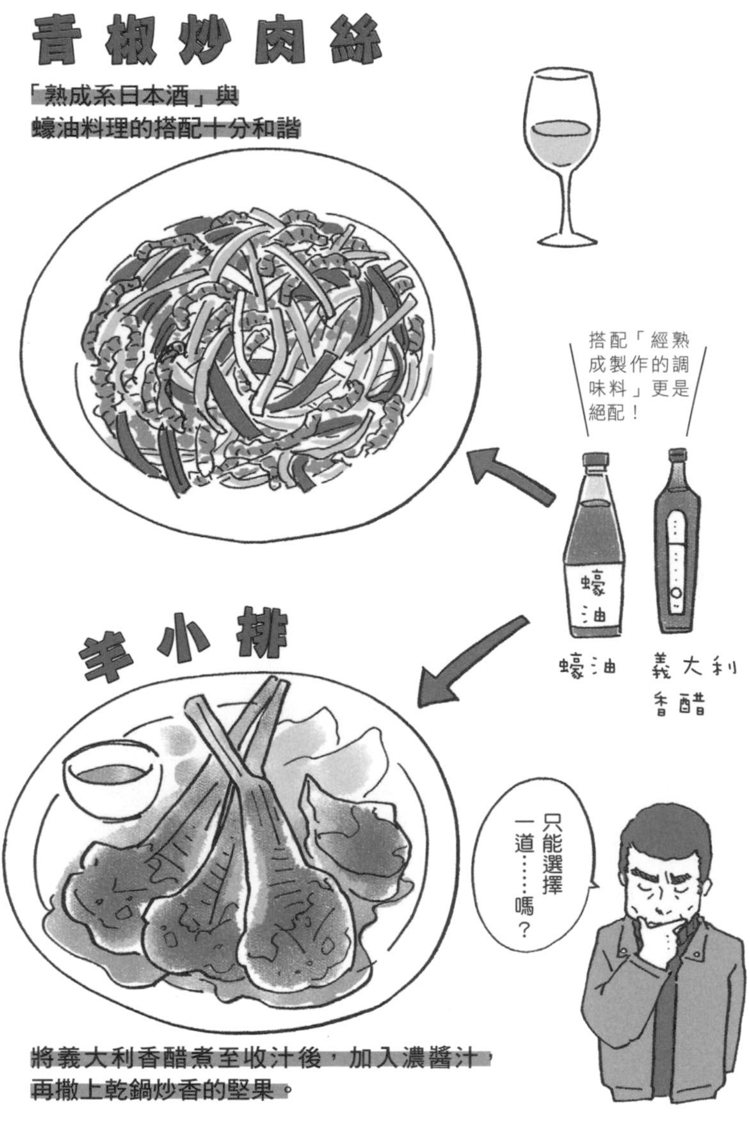
青椒炒肉絲
「熟成系日本酒」與
蠔油料理的搭配十分和諧
搭配「經熟成製作的調味料」更是絕配！
蠔油
蠔油
義大利香醋
羊小排
只能選擇一道……嗎？
將義大利香醋煮至收汁後，加入濃醬汁，
再撒上乾鍋炒香的堅果。

感受酒液在舌頭上的流動

就像料理的味道會隨著食器而改變，酒的風味也會因為酒器而產生變化，其中至關重要的元素，就在於酒器的口徑寬度與杯體深度。首先是酒器的口徑，不同口徑的酒器會讓飲酒時的臉部傾斜程度有所不同，進而改變每一口酒進到嘴裡的分量，甚至影響酒液傾注在舌頭上的流動狀態。而這不僅限於豬口杯類的酒器，一般葡萄酒杯也適用這個理論。

例如：長圓柱型的酒器，在飲用時臉會自然地順著杯緣上抬，所以每一口進到嘴裡的酒量會稍微偏少，而酒液傾注在舌頭上，也會呈現直線性的由舌尖往舌根流動。因此，酒的衝擊力會變溫和，感覺也會比實際的酒精濃度再低一些。所以長圓柱型的酒器，適合品嚐強調清爽感的輕快系日本酒或氣泡清酒。

而碗型的酒器，只要微微仰著頭就能把大量酒液送入口中，所以酒液會越過舌尖，由舌面的中心一口氣往四周擴散，因此比起長圓柱型的酒器，酒的分量感會更容易被強調，適合用於品嚐旨口系日本酒，特別是由生酛系酒母所釀造，酒體較為厚重的酒。這種搭配原則，聽起來有點狂熱執著，但有機會不妨從酒器的角度來挑選日本酒，會有不同的發現喔！

用豬口杯類的各種酒器來搭配酒的風味

長圓柱型

從舌尖往舌根線性流動

比起碗型酒器，用長圓柱狀的酒杯飲酒時，頭要抬的稍高。由於這種酒杯的口徑較窄，所以酒會從舌尖以直線方式流向舌根中央。對酒精衝擊力的感受較溫和，可增加爽快感。

推薦的日本酒類型

輕快系日本酒
氣泡清酒

碗型

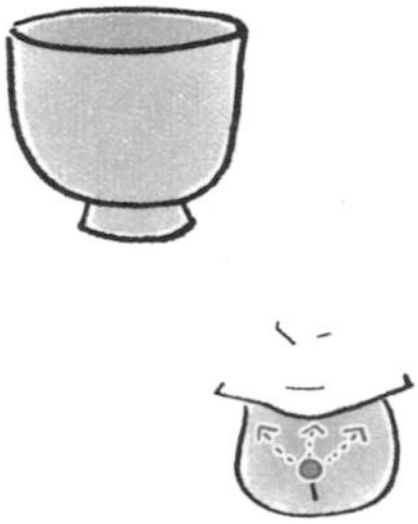

從舌面中央向四方擴散

飲用時只須微微仰頭，大量酒液就會在口中擴散。適合用來感受旨味酒體的厚重分量感。

推薦的日本酒類型

旨口系日本酒

平盃

從舌尖向舌根漫溢開來

廣口淺底的酒器，不用傾斜酒杯也能輕鬆的以口接酒。由於口徑極大，所以每一口喝進去的酒量也最多。適合用來強調各別日本酒的特性時選用，例如突顯甜味或辛味。

推薦的日本酒類型

除了氣泡清酒以外，其它種類都適合

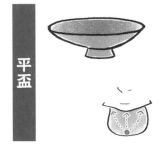

選對酒器美味再升級…❷

葡萄酒杯也能品味日本酒

一般傳統常用豬口杯類型的酒器來品嚐日本酒，但如果用葡萄酒杯來享用日本酒，竟然也能變得別具風味。例如：**葡萄酒杯中口徑寬度較小的款式**，就特別適合果香系與輕快系的日本酒，**尤其在不想過度強調爽快感或日本酒的酸味時，效果特別明顯**。而**口徑寬度較大的葡萄酒杯款式（例如CABERNET SAUVIGNON MERLOT用紅酒杯），則適合用來感受酒體厚實的分量時選用**，這類口徑寬度較大的葡萄酒杯與其它款式最大的不同，則在於特別適合用來品嚐旨口系與熟成系的日本酒。

葡萄酒杯與豬口杯類型的酒器一樣，會依據飲用時的仰頭程度與酒液在舌頭上流動的狀態，讓飲用者對日本酒的味覺感受產生變化。但與豬口酒杯不同的是，葡萄酒杯的杯體高度較高，容易凝聚香氣，能讓日本酒的香味更加明顯。所以相較於以往，在日本酒「香氣當道」的現在，受到更大的重視。我自己在家裡品飲日本酒時，幾乎也都是使用葡萄酒杯，特別是具有高度香氣的果香系日本酒，更是毫不猶豫的唯一選擇。只有在品嚐熟成期間較長的熟成系日本酒時，會改用口徑寬度較窄而杯體身形較圓潤的白蘭地杯，用來感受熟成系日本酒層次繁複的香氣與味道。

用葡萄酒杯類的各種酒器來搭配酒的風味

長圓柱型

口徑較窄的款式

使用口徑較窄的葡萄酒杯時，頭部需要微微仰起，因此酒液會從舌尖開始，向舌根直線流注，所以從酒精的味道與酸度，所帶來的衝擊力會比較溫和。Riesling 白葡萄酒杯、大吟釀酒杯（Riedel）、鬱金香杯（Flute glass）等。

推薦的日本酒類型

果香系日本酒
輕快系日本酒

口徑較寬的款式

深刻感受酒體的厚重分量感

一般在品嚐紅酒時，所使用的多半是這款口徑較寬的葡萄酒杯，特別寬大的杯口，在飲用時幾乎不用仰頭就能喝到酒液。由於酒液會從舌頭的中央流向四方，在漫溢時能感受到酒體厚重的分量感。CABERNET SAUVIGNON MERLOT 用紅酒杯、白蘭地酒杯等

推薦的日本酒類型

旨口系日本酒
熟成系日本酒

今天學到好多日本酒的知識呢！
真的呢！
日本酒有各式各樣的種類
避免酒後不適的秘訣
在喝酒空檔時所喝的水，就稱為「緩和水」
原來是要緩和酒精之用啊！
享受「燗酒」的方法
還有佐餐組合……
香織老闆!!! 接下來，還要教我們哪些知識呢！？

今天差不多要打烊了喔
今日營業時間已結束
打烊!?
哎呀~還這麼早,夜晚不是才剛要開始嗎?
請再多教我們一些吧!
喝酒一定要適量!
這就是我最後要告訴你們的事。
……好
低頭

*意指像運動社團般重視倫理關係。

最後還有一件事要告訴你們
其實有跟你們兩位名字發音一模一樣的日本酒喔！
與弘樹（HIROKI）發音相同的酒，是福島產的「飛鳥喜」。
與優衣（YUI）發音相同的酒，則是茨城的「結」。
這也算是一種酒緣呢！
飛露喜

真是家不可思議的店呢！
……嗯～
還想再來呢
嗯……
一週後……
……咦？

奇怪了
左顧
右盼
酒緣亭應該就在這附近，但怎麼……
地圖上也找不到啊！
難道那間店，是酒之神特別讓我們遇見的？
他一定會像招待我們一樣，招喚更多對日本酒還不了解的人們，在某處與他相遇！
一定是這樣
THE END

／葉石香織的華麗解答／

日本酒Q&A

所有日本酒初心者會想知道的基本問題，都由作者葉石香織來為大家解答。從基礎的瞭解開始，讓日本酒走進你的生活！

Q 日本酒有保存期限嗎？

A 日本酒並沒有保存期限喔！

有些沒有經過「火入」消毒步驟的生酒，酒質會隨著時間而產生變化，所以建議盡早飲用。此外，日本酒在開瓶後，酒質也會有所改變，約7～10天為賞味標準，但最聰明的作法還是盡量及早喝完。而氣泡清酒在開瓶後，噗嗞噗嗞的氣泡會漸漸消失，所以請在打開後的1～3天內飲用完畢。

Q 日本酒要怎麼保存呢？

A 請放進冰箱冷藏或是放在濕度低的陰暗處

酒質容易產生變化的生酒系日本酒，請務必放在冰箱內冷藏。而經「火入」消毒步驟的日本酒或長期熟成酒，雖然可以存放在濕度較低的室內陰暗處，但如果還是擔心，一樣可以放進冰箱內保存。至於開瓶後一時之間喝不完的日本酒，則可以使用「真空瓶塞」，將瓶內的空氣抽出後存放即可。

Q 日本酒可以作成調酒飲用嗎？

A 可以。也能當作雞尾酒的基酒來使用

不論是國內或國外，都有把日本酒拿來當成雞尾酒基酒的例子。雖然我自己通常都是選擇直接拿來喝，但如果是初心者，也可以嘗試調入薑汁汽水或柳橙汁的喝法。最近甚至有將濁酒與啤酒對半調和的喝法，也十分受到歡迎，可以從濁酒的濃醇感中引出甘甜味，讓美味程度更加UP～UP！

Q 怎樣才能邂逅美味的日本酒？

A 先挖掘出自己喜歡的日本酒專賣店

先看看店內的日本酒酒款齊全度高不高，再看看店家是不是常去酒藏（釀酒廠）挖寶，如果能跟這樣的店家維持友好的關係，就是遇見美味日本酒的最佳捷徑。此外，也可以參加各地舉辦的日本酒試飲活動，不僅能遇到許多藏元（釀酒商的經營者），也能與沒喝過的地方名酒相遇喔！相關日本酒的試飲活動資訊，現在大多可以從網路上找到。

Q 請傳授酒粕的使用方法？

A 酒粕可以拿來製作各式各樣的料理喔！

如果可以拿到新鮮的酒粕，請務必試試看做成「粕漬」。做法是將酒粕與純米酒各取3大匙放入耐熱的調理盆中，蓋上保鮮膜，用微波爐以600W的功率加熱3分鐘，再攪拌均勻。接著可放入奶油乳酪、香腸等，醃漬1週後，就成了帶有日本酒香的優質下酒小點。另外，也可以將葡萄乾與酒粕拌勻後直接享用。

Q 可以到「酒藏（釀酒廠）」內參觀嗎？

A 不是所有的「酒藏」都能接受參觀喔！

目前除了可以接待大型巴士的觀光酒藏外，其實大部分的酒藏都是謝絕參觀的。為了避免直奔現場卻被拒絕進入，最好先以電話確認過。此外，參觀酒藏時，請遵守酒藏的規定，例如事先不可食用納豆等發酵物、不可酒醉前往，並遵守人數限制，避免大聲喧嘩，且切勿隨意碰觸酒藏內的工具或物品、機器等。

Q 高價的日本酒就一定比較好喝嗎？

A「好喝」的標準，取決於個人感受。

有些日本酒的價格比較高，是因為使用了比較高價的原料、耗費了比較長的釀製時間，但不見得一百個人喝過，就會有一百個人都說好喝。尤其日本酒是很看個人偏好的嗜好品，有些人喜歡「辛口」、有些人則偏愛「甘口」，價錢只是其中一個判斷因素罷了。最好還是多方嘗試各式各樣的日本酒，從中發掘自己覺得「好喝」的味道。

Q 日本酒適合搭配甜點嗎？

A 當然可以，尤其日本酒與和菓子更是絕配！

傳統上有「喝日本酒搭配紅豆是品酒的正統」這種說法，可知日本酒與大量使用紅豆的和菓子，具有絕佳的契合度。尤其拿口味濃醇的純米酒為紅豆佐餐，更是絕妙的搭配法。另外，巧克力與長期熟成酒的組合也很不錯，只是熱量極高，所以請注意不要吃過量了。

Q 聽說日本酒有「酒神」？

A 當然有，最有名的就是京都「松尾大社」。

參觀酒藏時，常會看到來自「松尾大社」的祈福物，而各地的藏元（釀酒商的經營者）們每年也都會定期前往京都松尾大社來參拜，祈求製酒的釀造過程平安、酒業發展繁盛。其它同樣以「酒神」聞名的神社，還有京都的「梅宮神社」、奈良的「大神神社」，這三者被並稱為「日本三大酒神神社」。

Q 酒藏中的「杜氏」，通常負責什麼工作呢？

A 「杜氏」是釀造過程的監督者

在日本酒的釀造過程中，「杜氏」是肩負釀酒責任的製程最高負責人。當「杜氏」表示「藏內的日本酒味道有所改變」時，就需要透過他的指揮，來決定如何調整酒的風味。以前的「杜氏」大多是農家出身，只在農閒時的造酒期間受雇幫忙；而現在大多酒藏，會聘請正職的專業「杜氏」或由藏元（釀酒商的經營者）本人來擔任「杜氏」，藉此展現各酒藏的造酒能力。

既期待

又興奮

漫畫番外篇

酒藏見學

自從初次約會後，轉眼間已經1個月了……
今天學到好多日本酒的知識呢！
真的呢！
後來我們養成一週約會一次，下班後一起去喝酒的習慣。
應該可以試著約來家裡一起喝日本酒了……
日本酒專區
左顧
右盼
咦？
這個……這不是葉石香織小姐所介紹的那款與優衣同名的酒嗎！！
但是，為什麼這個字的發音會是優衣（ＹＵＩ）呢？
這是因為……
正中間的字是「吉」，
而圍繞在一旁的文字「系」，是從象形文字所拆解出的字形，
「系」與「吉」組合在一起，就是結（ＹＵＩ）囉！
ㄟ!!
……ㄟ!?這個聲音……

微笑
啊──葉石香織小姐!!!
果然!
那個…那間店……究竟在哪裡啊!?
我們後來找了很久!!!
這─這個
你先冷靜一下?
看來從那天之後，你們也認真吸收了許多與日本酒有關的知識呢，真讓人開心
啊……是的……
害羞
我打算要去製作這瓶「日本酒─結」的酒藏，你們要不要一起來呢？
我想你們一定能獲得更多有關日本酒的知識喔！
要!!一定要!!
太好了！可以跟優衣來場假日約會！♡
雖然我可以聽到你的內心話……

好厲害喔！這麼古老的建築！
優衣真的好可愛♡
撲通撲通
據說這建築物從江戶末期就存在了
對了，這邊的兩位是……
「結城酒造」的藏元夫婦。
初次見面！您好，我是擔任杜氏的浦里美智子。
初次見面！您好，我是擔任藏元的浦里昌明。

那個……
所謂的「杜氏」……
是指造酒過程的監督者吧？
沒錯，美智子是極少數的女性杜氏之一，而且在出嫁後才成為杜氏……這樣的情形更是罕見。
剛嫁過來時，只是單純幫忙而已，沒想到做著做著……
在品嚐過各式各樣的日本酒後，就萌生出想要試著釀酒的念頭～
當時，我發現自己認為好喝的酒，酒標上大多標註了使用「雄町」區的米，所以我也跟著引進「雄町」的米。
同時使用茨城縣在地的「酵母（Ｍ３１０）」來試著釀造看看。

結果不可思議地非常順利，或許我是天才來著……
啊哈哈哈！
ㄟ——竟然有這樣的事情？
這當然是不可能的！
或許我也能做到？
真是好厲害的職人呢……
沒有啦，只是運氣好而已！
首先，「雄町」的酒米，是非常難入手的米種～
而所謂「M310」的酵母，又被稱為公主酵母，只要稍微有些不合意的環境變化，就會鬧脾氣！
對……對不起……
雖然事後才知道，原來「雄町米」的流通量很少，是款很難入手的酒米。
總之，多虧了很多事情都順利進行，才能順利完成這款酒。
一定是酒之神也在背後幫忙呢！
好厲害。

接著就來參觀酒藏吧，但在此之前……
弘樹和優衣，你們知道酒是如何釀造而成的嗎？
那個……
翻翻
找找
就像這個流程！
我們在38～39頁有學過喔！
1 蒸米
2 製麴
3 釀造酒母
4 釀造醪（準備）
5 上槽（榨酒）
6 濾過（過濾）
7 火入（加熱）
8 貯藏
9 加水
10 裝瓶、出貨
真不愧是葉石香織小姐所調教出來的。
那麼，我們就按照順序來參觀吧！
啪啪
啪啪

蒸米是在這邊進行的。
哇！這麼突然就開始了！
一次大概能蒸出400kg的蒸米～
好大的煮飯鍋!!!
光是要讓熱水沸騰，就要花上一個小時來煮。
如果要把米蒸好的話，大約還需要再一個小時呢！
400kg 的量……
市售的普通米一包約 5kg
所以有 80 倍之多……

這邊則是要用蒸好的酒米，來進行「製麴」。
要先蓋上一層布喔～
熱呼呼
熱呼呼
放在溫熱的房間中經過一夜的發酵。
第二天則開始進行搓揉混合。
進入這個階段時，就連夜裡也要爬起來時時觀察發酵的狀況！
是需要辛苦費心照料的孩子呢……
へ……好纖細的生物呀……
那個……
害羞
害羞
可……可以問一個問題嗎……
當然可以
做搓揉混合工作時……
就是……是……
要裸著上身來做吧!?
說什麼啊！
在電視上所看到的畫面，大概像是這樣～
一字巾
傻眼
昏倒

以前的職人可能會這樣工作，但現在大多是都穿著工作服、帶著手套進行釀酒工序的！
啊哈哈哈（笑）
從衛生層面來看，這樣也比較乾淨。
是……是吧！
……那個，弘樹，你剛剛的發言已經算是職場性騷擾了吧？
接下來，要帶你們參觀「製醪」的工序
終於，要進入酒藏內了嗎!?
噗通噗通噗通
請換上這邊的鞋子。
好的
哇—感覺有些冷呢～

＊ 基於衛生考量，在參觀酒藏時，需要換穿參觀專用的鞋子。

右手邊的大缸桶是「釀造酒醪」用的。
左手邊的小缸桶是「酒母用的發酵缸」。
哇!!
好小呢!!
可以從缸桶中清楚觀察發酵進行的狀況。
噗嚕
噗嚕
噗嚕噗嚕得好劇烈呢!真是充滿活力!
等到「酒母用發酵缸」中的酵母大量增生後,就會移入「釀造酒醪用的缸桶」中。
放入「釀造酒醪用的缸桶」後,需要約1個月的時間來進行發酵作業

嗯……請問一下什麼時候才會進行「櫂棒」的作業呢？
興奮
興奮
櫂棒？
就是用長長的棒子來攪拌酒汁啊……
快變好喝吧♥
啊！原來那就是「櫂棒」啊～
沒有喔，我們這邊不會進行「櫂棒」攪拌喔！
哈哈（笑）
啊哈
蝦咪
ㄟ－！！！
「櫂棒」是為了充分攪拌酒醪所進行的工序。
但其實只要經過好好的發酵，就算沒有人工攪拌，酒醪也會自己充分混合均勻。

原本以為可以用「櫂棒攪拌」來抒壓，結果沒這樣的事啊～
真尷尬，完全誤以為杜氏也要負責攪拌的作業……
那製醪完成後呢……？
就要以「自動壓榨機（俗稱：藪田式）」來進行酒汁的榨取囉！
然後直接裝瓶
ㄟㄟ！！
那麼……就立刻來品嚐看看吧！
真的可以嗎!?

＊ 櫂棒……將木桶或缸桶中的內容物，攪拌均勻的工具。

哇～
哇～
好清爽啊……
真幸福……
尾韻十分華麗，這真是太好喝了！
從剛剛到現在，看過了這麼多工序，就是為了產出這杯酒……真是讓人無限感慨呀！
感謝酵母公主這麼平安順利的努力孕育……！

【結城酒造（株）】 ……………… **INFORMATION**

創業於江戶時期，位於茨城縣結城市的＊城下町內。自古以來都採用當地的優質地下水來釀酒。而商標中的「結」字，具有「透過美味的酒，把人與人、人與酒、人與城市（結城）連結在一起」的期望。只要事先預約即可參訪，聯絡資料請參閱 P.175。

＊「城下町」是日本一種城市發展形式，是以領主所居住的城堡為核心，所聚集發展的區域。

季節の

日本酒時令月曆

依照上市的時節，日本酒會有各式各樣的不同酒名與款式
隨著季節品嚐不同的滋味，也是享用日本酒的樂趣之一喔！

11月

初榨酒（新酒）

從10~11月開始使用新米來釀製日本酒，約過1個月，完成所有釀製工序後，酒藏便會在門前掛上「*杉玉」，作為「初榨酒」已釀造完成的信號。在熟成之前，「初榨酒」新鮮的口感也很有魅力。

*杉玉……使用杉樹的枝葉捆紮成圓球，又被稱為「酒林」。酒藏在完成新酒釀製後，會將製作好的「杉玉」掛在酒藏前，當「杉玉」的葉子顏色從青翠轉變為茶褐色，就代表新酒快要熟成了。

12月

寒卸酒

是前年釀製完成的日本酒，經確實熟成後，待隔年的「立冬」才開始販售。凝聚了一整年的旨味，不僅香氣十足，也正是日本酒的醍醐味。如果搭配鍋物或關東煮等料理來一起享用，可以讓身心都感到愉悅。

1月

1月1月　元旦榨取　元旦送達

新年第一天清晨所榨取的酒汁，並在同一天內裝瓶出售，被稱為「元旦榨取」。「元旦榨取」的日本酒，就像在立春清晨被汲取的泉水般，不僅充滿新鮮的氣息，也能為新的一年帶來好彩頭。而「元旦送達」則是指在歲末年終期間出貨，在元旦當天送到的日本酒。這類濃醇優美的旨味，一年都只有一次，是期間限定的奢侈款。

推薦的酒款

●初榨酒

『**福小町 角右衛門** 直接抽取 純米初榨酒 生酒』
（株）木村酒造／秋田縣

『**蓬萊泉** 特別純米初榨酒』
（關谷釀造（株）／愛知縣）

●寒卸酒

『**七冠馬** 特別純米寒卸酒』
（簸上清酒（名）／島根縣）

●元旦送達

『**獺祭** 純米大吟釀 二割三分 遠心分離 元旦送達 渣酒』
（旭酒造（株）／山口縣）

2月

3月

4月

雪見酒

隆冬時節，是最適合暢飲日本酒的時刻。一邊欣賞著寧靜的雪景，一邊品味著日本酒，可說是世上最快樂的享受之一，此時如果能品飲一杯加熱後的　酒，身體也會由內而外的溫暖起來。

立春朝榨

在每年的2月4日「立春」當天清晨所榨取的新酒，酒商會在榨取當天，即時將新酒帶回來開始販售。這新鮮的口感，幾乎讓人感覺到春天提早來臨。

春酒（花見酒）

正如其名所示，是款在百花萌芽的初春時所上市的日本酒，酒標上大多都是以櫻花為主題的可愛設計。豐富色彩與果香風味，讓人感受到春天的氣息，也是賞花時不可或缺的必備款。

● 元旦榨取

『真野鶴　祝酒 元旦初榨 大吟醸生原酒』
（尾畑酒造（株）／新潟縣）

● 立春朝榨

『開華　純米吟醸生原酒 立春朝榨』
（第一酒造（株）／栃木縣）

● 春酒

『四季櫻　特別純米生酒 春』
（宇都宮酒造（株）／栃木縣）

『譽國光　特別純米酒』
（土田酒造（株）／群馬縣）

『東光　季節限定 純米酒 花見酒』
（（株）小嶋總本店／山形縣）

5月

5月5日　菖蒲酒

「菖蒲根」是著名的漢方藥材，習俗上會在「兒童之日（端午）」，被拿來作為「趨吉避凶」之用。將*菖蒲根切碎泡入日本酒內，一般認為是能招來好運氣的吉祥物。

*由於菖蒲根是中藥的一種，請不要過量使用。

6月

7月

初呑切（試飲檢查）

新酒熟成時，第一次透過試飲來檢查酒質狀況的步驟，被稱為「初呑切」，也是「藏元」最重要的工作之一。這項工作一般禁止外人參與，但目前市場上也有特別標註「初呑切」的酒款。

夏純米／夏吟釀

在眾多的夏季酒款中，這兩款日本酒的名稱被特別冠上「夏」字，象徵其出眾的清涼感，還能品嚐到濃厚的原米風味與芬芳果香。冰鎮後飲用，可以感受到清爽滋潤的極致享受。

推薦的酒款

●夏純米

『播州一獻　純米 夏辛』（山陽盃酒造（株）／兵庫縣）

『石鎚　特別純米酒 夏純米』（石鎚酒造（株）／愛媛縣）

●夏吟釀

『文佳人　夏純吟（妖怪酒標）』（（株）Arisawa／高知縣）

『吟釀原酒 金縷梅之花 加碎冰更好喝』（日之丸釀造（株）／秋田縣）

●初呑切

『蒼天傳　美祿　特別純米酒 初呑切 夏風薰曉之輝露』（（株）男山本店／宮城縣）

『浦霞　嚴選初呑切酒』（（株）佐浦／宮城縣）

8月　9月　10月

冷卸酒（秋上）

當秋意漸濃時，也就是「冷卸酒」的登場之際。「冷卸酒」的特徵，是酒汁在經過貯藏熟成後，會從剛釀造好的粗曠質樸，轉變為恰到好處的圓潤口感。這些在榨取酒汁後，只經過一次「火入」消毒程序，便貯藏起來度過整個夏天的日本酒，有些人又稱它為「秋上」。

9月9日　菊見酒

在日本，菊花自古被視為長壽、消災解厄之花。「菊見酒」是將食用菊花的花瓣妝點在日本酒杯內，不僅有華麗的視覺效果，也有帶來吉兆的象徵，在初秋時節最適合來上一杯。

月見酒

日本在中秋節時，習俗上會用「月見糰子」作為供品，感謝上天庇佑五穀豐收。而日本酒作為大自然的禮賜，最適合在中秋賞月之際，對月品飲。

●冷卸酒

『富久良 冷卸酒純米吟釀 秋櫻』
（株）今田酒造本店／廣島縣）

『紀土KID 純米吟釀酒冷卸酒』
（平和酒造（株）／和歌山縣）

『雪之茅舍 山廢純米冷卸酒』
（株）齋彌酒造店／秋田縣）

●月見酒

『加賀之月』
（株）加越／石川縣）

『雨後之月 純米大吟釀』
（相原酒造（株）／廣島縣）

一邊品嚐日本酒，一邊感受四時的變化，真是特別♥

石鎚酒造（株）

◉石石鎚 特別純米酒 夏純米

就像品嚐到新鮮的哈密瓜般，清爽滋味與夏季食材超搭。

〒 793-0073 愛媛縣西条市冰見丙 402-3
TEL 0897-57-8000／不開放參觀酒藏

（株）Arisawa

◉文佳人 夏純吟 妖怪酒標

瓶身有超可愛的妖怪酒標。清爽暢快的滋味，非常適合夏天飲用。

〒 782-0032 高知縣香美市土佐山田町西本町 1-4-1
TEL 0887-52-3177／不開放參觀酒藏

日之丸釀造（株）

◉吟釀原酒 金縷梅之花 加碎冰更好喝

酒精濃度 19 度，可加入碎冰，享用日本冰酒的滋味。

〒 019-0701 秋田縣橫手市增田町增田字七日町 114-2
TEL 0182-42-1335／不開放參觀酒藏，但酒藏內屬「有形文化財」的區域則可開放參觀

（株）男山本店

◉蒼天傳 美祿 特別純米酒 初呑切
夏風薰曉之輝露

夏季限定款。在圓潤中帶點清爽的口感，是與鱧魚等夏季魚貝類食材最相稱的一款酒。

〒 988-0083 宮城縣氣仙沼市入澤 3-8
TEL 0226-24-8088／可預約參觀酒藏

（株）佐浦

◉浦霞 嚴選初呑切酒

採用宮城縣產的笹錦米釀製。沉穩的口感與魚貝類很合。

〒 985-0052 宮城縣鹽竈市本町 2-19
TEL 022-362-4165／可預約參觀酒藏（參訪時，可從酒藏外的建築物與酒藏歷史開始認識，之後可參觀製作過程，但無全程講解的介紹人員）

（株）今田酒造本店

◉富久長 冷卸酒純米吟釀 秋櫻

在沉穩旨味中帶點恰到好處的酸味，略為辛口，很適合作為餐中酒。

〒 739-2402 廣島縣東廣島市安藝津町三津 3734
TEL 0846-45-0003／不開放參觀酒藏

平和酒造（株）

◉紀土 -KID- 純米吟釀酒冷卸酒

令人驚豔的高雅旨味盈滿口中。適飲的溫度區間極廣，從常溫到 酒都值得期待。

〒 640-1172 和歌山縣海南市溝之口 119
TEL 073-487-0189／不開放參觀酒藏

（株）齋彌酒造店

◉雪之茅舍 山廢純米冷卸酒

不含任何一點雜味的優秀酒質，讓人不禁一杯接著一杯。

〒 015-0011 秋田縣由利本莊市石脇字石脇 53
TEL 0184-22-0536／可預約參觀酒藏

（株）加越

◉加賀之月

共有從「三日月」到「滿月」等四種酒款，最適合在賞月時品飲。

〒 923-0964 石川縣小松市今江町 9-605
TEL 0761-22-5321／可預約參觀酒藏

相原酒造（株）

◉雨後之月 純米大吟釀

連續 7 年在日本新酒品評會中獲得金賞。溫潤的滋味，連初心者都可以輕鬆地暢快品飲。

〒 737-0152 廣島縣吳市仁方本町 1-25-15
TEL 0823-79-5008／不開放一般遊客參觀酒藏

推薦給初心者的酒藏

熊澤酒造（株）

雖然不能參觀日本酒的釀造過程，但當地的藏元料理與自營的小賣店都令人期待。

〒 253-0082 神奈川縣茅崎市香川 7-10-7
TEL 0467-52-6118／附設餐廳

（株）Yoshikawa 杜氏之鄉

遊客可以隔著玻璃參觀釀酒過程。附設的小賣店與道之驛（休息站）都很有意思。

〒 949-3449 新潟縣上越市吉川區杜氏之鄉 1
TEL 025-548-2331／道之驛可免費參觀（團體則需預約）

月桂冠大倉紀念館

非常推薦給初心者。只要沿著館內所提供的參訪路線，即可看到日本酒釀製的過程，小賣店內的商品也相當多元。

〒 612-8660 京都府京都市伏見區南濱町 247
TEL 075-623-2056／可預約參觀酒藏，酒藏提供固定的參訪路線

從這裡
開始
嚴選！酒藏清單

在此介紹本書各章節中所提及的酒藏，與適合初心者的酒藏等！

在漫畫篇中登場的酒藏

結城酒造（株）

由「女性杜氏－美智子」的品味而創生！
〒 307-0001 茨城縣結城市結城 1589
TEL 0296-33-3344 ／可預約參觀酒藏

（資）廣木酒造本店

受到許多藏元（釀酒商的經營者）支持的代表性酒藏。
〒 969-6543 福島縣河沼郡會津坂下町字市中二番甲 3574
TEL 0242-83-2104 ／不開放參觀酒藏

在日本酒時令月曆中所介紹的酒藏

（株）木村酒造

◉福小町 角右門衛 直接抽取 純米初榨酒 生酒
因為直接榨取，所以保留了微微的氣泡感。洋溢著滿滿的果實風味。
〒 012-0844 秋田縣湯澤市田町 2-1-11
TEL 0183-73-3155 ／不開放參觀酒藏

關谷釀造（株）

◉蓬萊泉 特別純米初榨酒
以「男女老少都能享受的新酒」為概念，專門釀製出限定款新酒。
〒 441-2301 愛知縣北設樂郡設樂町田口字町浦 22
TEL 0565-83-3601（吟釀工房）／可預約參觀酒藏，酒藏提供固定的參訪路線

簸上清酒（名）

◉七冠馬 特別純米 寒卸酒
恰到好處的果實味與清爽易入口的滋味，創造出完美的平衡。
〒 699-1832 島根縣仁多郡奧出雲町橫田 1222
TEL 0854-52-1331 ／可預約參觀酒藏

旭酒造（株）

◉獺祭 純米大吟釀 二割三分
遠心分離 元旦送達 渣酒
只在新春期間登場的超級限定酒！由透明的色澤與新鮮的口感，搭配而成的超完美享受
〒 742-0422 山口縣岩國市周東町獺越 2167-4
TEL 0872-86-0120 ／可預約參觀酒藏

尾畑酒造（株）

◉真野鶴 祝酒 元旦初榨 大吟釀生原酒
元旦當天從酒藏榨取出的日本酒。擁有果香與溫潤感交織而出的華麗滋味。
〒 952-0318 新潟縣佐渡市真野新町 449
TEL 0259-55-3171 ／可預約參觀酒藏

第一酒造（株）

◉開華 純米吟釀生原酒 立春朝榨
只限特定店家販售！由於帶有「吉兆」的象徵，許多粉絲都會搶在此時購入珍藏。
〒 327-0031 栃木縣佐野市田島町 488
TEL 0283-22-0001 ／每年會舉辦一次酒藏的參觀活動，其它時間也會舉辦可進入酒藏的各式活動

宇都宮酒造（株）

◉四季櫻 特別純米生酒 春
春季限定款！使用在地生產的「五百萬石」酒米釀製而成，是具爽快口感的辛口酒。
〒 321-0902 栃木縣宇都宮市柳田町 248
TEL 028-661-0880 ／可預約參觀酒藏

土田酒造（株）

◉譽國光 特別純米酒
酒標上有著華麗的櫻花。無論冷熱飲都好喝，是款極具包容力的日本酒。
〒 378-0102 群馬縣利根郡川場村川場湯原 2691
TEL 0278-52-3670 ／酒藏提供固定的參訪路線，並設有用餐處

（株）小嶋總本店

◉東光 季節限定 純米酒 花見酒
採用櫻花粉色的酒標。帶有果香沉穩的甘甜味是其主要特色。
〒 992-0037 山形縣米澤市本町 2-2-3
TEL 0238-23-4848 ／另有「酒造資料館－東光的酒藏」（山形縣米澤市大町 2-3-22 ／ TEL 0238-21-6601）

山陽盃酒造（株）

◉播州一獻 純米 夏辛
非常適合夏季飲用，帶有明亮的暢快感。口感略為強調酸味，讓喝起來更舒爽。
〒 671-2577 兵庫縣 粟市山崎町山崎 28
TEL 0790-62-1010 ／不開放參觀酒藏

第一次喝日本酒就上手

漫畫圖解一看就懂！

作者 葉石香織（はいし・かおり）
繪圖 Megumi Ohsaki（大崎メグミ）
選書 張淳盈
譯者 方嘉鈴
美術設計 徐小碧工作室

社長 張淑貞
總編輯 許貝羚
主編 張淳盈
版權專員 吳怡萱
行銷 曾于珊、劉家寧

發行人 何飛鵬
事業群總經理 李淑霞
出版 城邦文化事業股份有限公司
麥浩斯出版
地址 104 台北市民生東路二段 141 號 8 樓
電話 02-2500-7578
購書專線 0800-020-299

製版印刷 凱林印刷事業股份有限公司
總經銷 聯合發行股份有限公司
地址 新北市新店區寶橋路 235 巷 6 弄 6 號 2 樓
電話 02-2917-8022

版次 初版一刷　2019 年 7 月
定價 新台幣 360 元／港幣 120 元

Printed in Taiwan

國家圖書館出版品預行編目 (CIP) 資料

第一次喝日本酒就上手：漫畫圖解一看就懂！／
葉石香織 著；Megumi Ohsaki 插畫；方嘉鈴譯
-- 初版 . -- 臺北市：麥浩斯出版：家庭傳媒城邦分
公司發行，2019.07
176 面；14.8×21 公分 譯自：まんが＆図解で
わかる　はじめての日本酒
ISBN 978-986-408-509-5（平裝）
　1. 酒 2. 品酒 3. 日本

463.8931　　108009511

日文版工作人員

插畫 大崎メグミ
企畫編輯 酒井ゆう（micro fish）
編輯 北村佳菜（micro fish）
成田晴香（Mynavi Corporation）
美術設計 平林亜紀（micro fish）
校對 柳元順子（有限会社クレア）

MANGA & ZUKAI DE WAKARU HAJIMETE NO NIHONSHU
written by Kaori Haishi, illustrated by Megumi Ohsaki

Original Japanese edition published by Mynavi Publishing Corporation
This Traditional Chinese edition is published by arrangement with Mynavi Publishing Corporation, Tokyo in care of Tuttle-Mori Agency, Inc., Tokyo through Keio Cultural Enterprise Co., Ltd., New Taipei City.

台灣發行

英屬蓋曼群島商家庭傳媒股份有限公司城邦分公司
地址：104 台北市民生東路二段 141 號 2 樓　讀者服務電話：0800-020-299（9:30AM~12:00PM；01:30PM~05:00PM）　讀者服務傳真：02-2517-0999
讀者服務信箱：E-mail：csc@cite.com.tw　劃撥帳號：19833516　戶名：英屬蓋曼群島商家庭傳媒股份有限公司城邦分公司

香港發行

城邦〈香港〉出版集團有限公司　地址：香港灣仔駱克道 193 號東超商業中心 1 樓　電話：852-2508-6231　傳真：852-2578-9337

馬新發行

城邦〈馬新〉出版集團 Cite(M) Sdn. Bhd.(458372U)
地址：41, Jalan Radin Anum, Bandar Baru Sri Petaling, 57000 Kuala Lumpur, Malaysia　電話：603-90578822
傳真：603-90576622